컴퓨터과학으로 배우는

# 블록체인 원리와 구현

컴퓨터과학으로 배우는

# 블록체인 원리와 구현

지은이 박상현, 조유정, 손가은
펴낸이 박찬규 엮은이 이대엽 디자인 북누리 표지디자인 Arowa & Arowana

펴낸곳 위키북스 전화 031-955-3658, 3659 팩스 031-955-3660
주소 경기도 파주시 문발로 115, 311호 (파주출판도시, 세종출판벤처타운)

가격 22,000 페이지 220 책규격 188 x 240mm

초판 발행 2019년 07월 10일
ISBN 979-11-5839-162-1 (93500)

등록번호 제406-2006-000036호 등록일자 2006년 05월 19일
홈페이지 wikibook.co.kr 전자우편 wikibook@wikibook.co.kr



이 도서의 국립중앙도서관 출판시도서목록(CIP)은
서지정보유통지원시스템 홈페이지(http://seoji.nl.go.kr)와
국가자료공동목록시스템(http://www.nl.go.kr/kolisnet)에서 이용하실 수 있습니다.
CIP제어번호 CIP2019024969

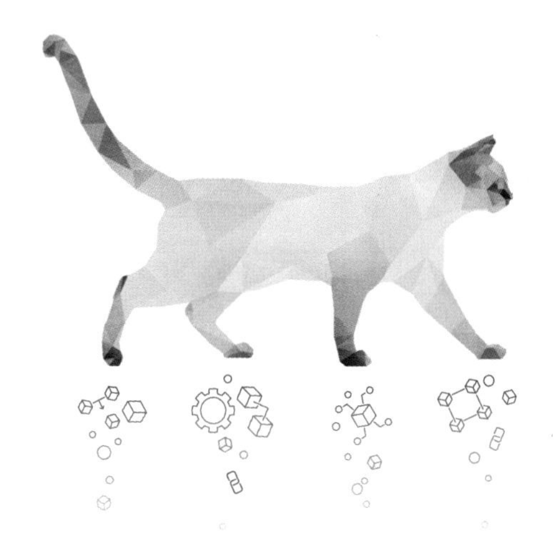

컴퓨터과학으로 배우는

# 블록체인 원리와 구현

수학, 암호학, 네트워크 이론과 실습으로 이해하는 블록체인

박상현, 조유정, 손가은 지음

위키북스

2016년, 컴퓨터공학과 학부생이던 저는 대학원 진학을 앞두고 세부 분야를 결정하지 못해 고민이었습니다. 문제 해결, 시스템 구조, 지능형 시스템 등 어느 하나 흥미롭지 않은 분야가 없었고, 더 많은 대학/대학원 강의를 들을수록 고민은 깊어져만 갔습니다. 컴퓨터공학 전반에 대한 흥미가 오히려 제 발목을 잡고 있는 꼴이었습니다. 그러던 차에 우연히 접한 블록체인은 (마치 종합선물세트인 마냥) 네트워크, 암호학, 데이터베이스, 컴파일러 등 컴퓨터공학의 광범위한 분야를 포괄한 매력적인 기술이었습니다.

오늘날 블록체인은 많은 관심과 지원 속에서 연구되고 있지만 그 당시만 하더라도 볼만한 자료를 찾기가 매우 어려웠습니다. 영어나 일본어로 된 사이트를 헤맸고, 심지어 알지도 못하는 중국어로 된 사이트를 구글 번역기에 의존해 읽었습니다. 용어 하나하나가 낯설어 단 한 문장의 문맥을 파악하는 데만 꼬박 며칠이 걸리기도 했습니다. 이러한 과거의 시행착오가 무의미하다고 생각하지는 않습니다. 그 과정을 통해 많은 것들을 배웠고 지식의 퍼즐을 맞춰가는 재미도 있었습니다. 그러나 잘 정리된 자료가 부족하다는 점은 블록체인 공부를 시작하는 자에게 진입장벽이 될 수 있겠다고 생각했습니다. 특히 비트코인이나 이더리움 등 특정 블록체인 프로젝트에 대한 자료는 많지만 개발과 관련된 자료는 별로 없다는 점이 아쉬웠습니다.

그간 여러 세미나 및 강의를 통해 '블록체인을 개발하고 싶지만 시행착오를 거칠 시간이 없는' 혹은 '블록체인을 개발하고 싶지만 오픈소스나 컴퓨터공학에 아직 익숙하지 않은' 분들을 자주 만났습니다. 특히 작년 한 해 동안 진행한 멘토링 활동을 통해 효과적인 블록체인 개발 교육 방법을 고민하게 됐습니다. 그러다 좋은 기회에 책을 집필할 기회를 제안받았고, 막막함에 길을 헤매는 누군가에게 좋은 자료가 됐으면 하는 바람에 비록 부족하지만 펜을 들었습니다.

이 책은 블록체인은 물론이고 네트워크, 암호학 등에서 연구돼온 수많은 자료를 바탕으로 쓰였습니다. 한정된 분량에 모든 내용을 담을 수는 없어 참조를 달아뒀습니다. 책을 다 읽으신 후, 참고 문헌과 오픈소스 프로젝트를 위주로 살펴보시는 것을 권장합니다. 또한 컴퓨터공학에서 유명한 도서인 《Computer Networking: A Top-Down Approach》와 《Cryptography and Network Security》도 추천합니다. 마지막으로 재사용을 목적으로 만들어진 블록체인 코어인 '원체인(one-chain)'과 모태가 되는 '나이브체인(naivechain)'의 코드를 살펴보시는 것을 추천합니다.[1] 중앙대학교 블록체인 학회 C-Link의 분석 글도 참조하기 좋습니다.[2]

이 자리를 빌려 책을 집필할 기회를 주신 위키북스 박찬규 대표님, 블록체인 연구의 장을 펼쳐주신 서울대학교 가상머신 및 최적화 연구실의 교수님과 연구실 식구들, 멘토를 잘 따라주고 열심히 공부해준 멘티들, 서강대학교 블록체인 연구회 SGBL의 학회원들, 중앙대학교 블록체인 학회 C-Link의 학회장 및 학회원들, 대학교 연합 리서치 그룹 CURG의 구성원들께 깊은 감사의 말을 전합니다.

– 박상현

1 https://github.com/twodude/onechain
2 https://medium.com/caulink/javascript로-블록체인-만들기-1-fab57b25e90b

교내 블록체인 학회를 통해 좋은 멘토를 만날 수 있었습니다. 멘토님 덕분에 다양한 경험을 하면서 많은 배움을 얻었고, 그 경험으로 전보다 성장한 것 같습니다. 아직 갈 길이 멀지만 배운 것들을 기반 삼아 앞으로도 열심히 공부하겠습니다. 멘토님 항상 감사합니다!

– 조유정

작년 봄, 우연한 기회로 블록체인을 접하고 그 매력에 빠져 여기까지 달려온 것 같습니다. 블록체인 코어와 컴퓨터공학, 그 무엇보다도 낯선 분야에 뛰어들어 공부하는 방법을 배운 뜻깊은 시간이었습니다. 그동안 너무 잘 이끌어주신 멘토님 고맙습니다. :-)

– 손가은

지은이 **박상현**

서강대학교 컴퓨터공학과를 졸업하고 서울대학교 가상머신 및 최적화 연구실 석사 과정에 있습니다. 학부생 당시 서강대학교 블록체인 연구회인 SGBL 기술팀장이자 학회장을 역임했습니다. 현재는 대학교 연합 리서치 그룹 CURG의 그룹장을 담당하고 있습니다. 또한 중앙대학교 블록체인 학회 C-Link의 학회원이기도 합니다. 블록체인과 인공지능에 관심이 많아 관련해서 여러 해커톤 수상, 강의, 저자 경력이 있습니다. 연구실에서 좋아하는 분야를 실컷 연구하면서 행복한 나날을 보내고 있습니다.

멘티 **조유정**

2016년 이화여자대학교 융합콘텐츠학과에 진학해 분주한 대학 생활을 보내고 있습니다. 2018년 이화여자대학교 블록체인 학회인 이화체인 활동을 통해 블록체인을 공부했습니다.

멘티 **손가은**

2016년 이화여자대학교 컴퓨터공학과에 진학했습니다. 2018년 이화여자대학교 블록체인 학회인 이화체인 활동을 통해 블록체인을 공부했습니다. 현재 마이크로소프트 학생 파트너 그룹에 속해 있습니다.

## 책 소개

블록체인은 네트워크와 암호학을 비롯한 컴퓨터과학의 광범위한 학문을 바탕으로 합니다. 그렇기 때문에 사전 지식 없이 무작정 블록체인 개발에 뛰어들기는 쉽지 않습니다. 이 책은 블록체인을 "신뢰를 부여하는 분산 데이터 저장 기술"로 바라보고, 블록체인의 추상화부터 시작해 구체화하는 과정까지 독자가 블록체인 코어를 이해하고 구현할 수 있게 하는 데 목적을 두고 있습니다. 블록체인의 기본 개념뿐 아니라 블록체인의 본질을 이해하기 위한 네트워크, 기초 수학, 암호학을 소개합니다. 아울러 실습을 통해 자바스크립트로 직접 블록체인 코어를 개발해 봅니다.

## 이 책에서 다루는 내용

- 블록체인의 의의, 정의, 한계
- 인터넷 프로토콜 스택을 통한 네트워크 학습
- 정수, 대수 구조, 소수 등의 기초 수학
- 대칭키 암호, 비대칭키 암호, 디지털 서명, 영지식 증명을 통한 암호학 학습
- 트랜잭션을 통한 거래 계층 학습과 가상 머신을 통한 가상 머신 계층 학습
- 자바스크립트를 이용한 재사용 가능한 블록체인 코어 개발

## 01 블록체인의 등장



## 02 네트워크

## 04 암호학

## 05 사용 사례



## 부록

CHAPTER

# 01

# 블록체인의 등장

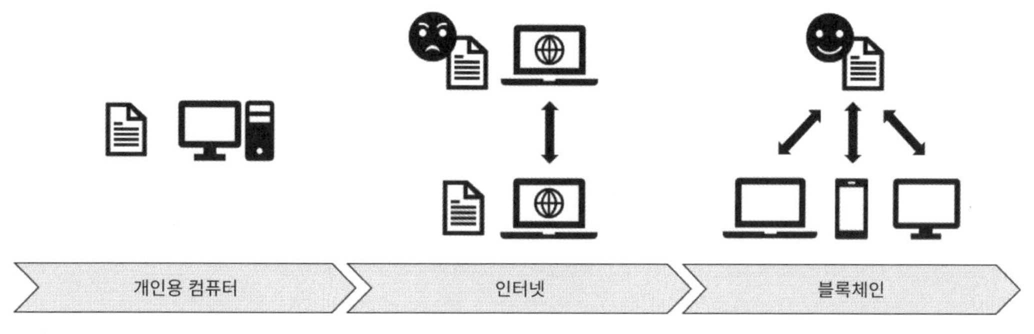


**그림 1.1** 컴퓨팅 환경의 변화

1970년대 개인용 컴퓨터가 등장하면서 누구나 데이터를 생산하고 소유하게 됐습니다. 이후 인터넷의 보급으로 데이터의 공유가 가능해졌고 오늘날의 익숙한 컴퓨팅 환경이 조성됐습니다. 그 덕분에 데이터를 생산하고 공유하는 일은 이제 일상적입니다. 유튜브, 페이스북, 인스타그램 등을 생각해 봅시다. 콘텐츠라는 이름 아래 수많은 데이터가 생산, 공유, 소비됩니다.

그러다 블록체인이 등장하면서부터 데이터 생산과 공유, 소비는 새로운 국면에 접어들었습니다. 바로 신뢰의 부여입니다. 종래의 네트워크에서 신뢰는 맹목적인 믿음에 기인했습니다. 기업, 정부 등 거대 주체가 제공하는 데이터는 사실이라 여기는 것입니다. 그러나 중앙화된 주체가 보장하는 신뢰란 그들에게 종속적일 수밖에 없습니다. 가령 페이스북은 사용자 68만 9003명의 뉴스피드를 통보 없이 조작해 '대규모 감정 전이 실험'을 진행함으로써 중앙화된 권력의 남용이라는 비난을 받은 바 있습니다.[1]

1 Adam D. I. Kramer, Jamie E. Guillory, and Jeffrey T. Hancock, "Experimental evidence of massive-scale emotional contagion through social networks", Proceedings of the National Academy of Sciences, Jun 2014

반면 블록체인에서의 신뢰는 시스템이 보장합니다. 블록체인은 데이터의 위변조가 사실상 불가능한(불가능하다고 여길 만큼 매우 어려운) 기술입니다. 따라서 자연스럽게 신뢰가 부여됩니다. 이 과정에서 중앙화된 주체나 맹목적인 믿음은 필요 없습니다.

그림 1.2 블록체인 사용 사례[2]

과거 개인용 컴퓨터와 인터넷이 그랬듯 블록체인은 기존 산업을 뒤흔들고 새로운 산업을 창출하고 있습니다. 물류/유통, 지불, 투표 등 탈중앙화를 기반으로 하는 많은 서비스의 등장에 주목합시다. 이러한 서비스 중에서 미래의 구글이나 아마존, 혹은 페이스북이 있을 수 있습니다. 혹자는 이러한 블록체인의 폭발적인 영향력을 빗대어 '제2의 인터넷 혁명'이라 칭하기도 합니다.[3]

## 공급망 관리

블록체인에서는 기록된 데이터의 임의 수정이 불가능하므로 블록체인은 신뢰할 수 있는 공급망 관리에 활용됩니다. 이미 여러 명품 브랜드에서 블록체인을 적용해 원산지, 제조지, 판매점 등을 추적하는 '유통과정 추적 시스템'을 선보였으며, 이를 통해 명품 진위 감별 서비스를 제공합니다.

---

2 K. Wüst and A. Gervais, "Do you Need a Blockchain?", 2018 Crypto Valley Conference on Blockchain Technology (CVCBT), Jun 2018

3 Don Tapscott and Alex Tapscott, "Blockchain Revolution: How the Technology Behind Bitcoin and Other Cryptocurrencies Is Changing the World", Penguin Books Limited, May 2016

### 지불 수단

암호화폐는 지불 수단으로써의 블록체인입니다. 비트코인(Bitcoin)과 같은 암호화폐에서는 가치의 전송을 다루는 데이터를 블록체인에 기록합니다. 이로부터 은행과 같은 중앙화된 기관이 필요 없는, 신뢰할 수 있는 화폐 가치의 전송이 가능합니다.

### 탈중앙화된 자율 조직

탈중앙화된 자율 조직(DAO, Decentralized Autonomous Organization)은 내부 자산을 가지고 있으며 임의로 개입할 수 없는 규칙으로 운영되는 조직의 형태입니다. 이러한 규칙은 소프트웨어로 구현돼 특정 행동을 수행하면 자동으로 보상을 제공합니다.

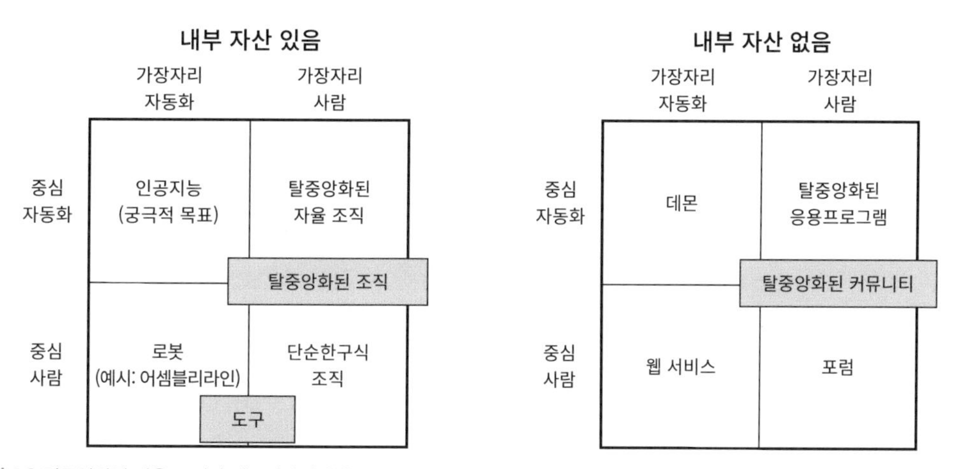


그림 1.3 탈중앙화된 자율 조직과 탈중앙화된 응용프로그램 등의 분류

비트코인은 같은 이름을 단위로 하는 내부 자산을 가지고 있습니다. 또한 가장자리에서 행동을 결정하는 주체인 사람들과 중심에서 자율적으로 보상을 지급하는 규칙이 존재하므로 DAO로 간주합니다. 반면 비트토렌트(BitTorrent)는 내부 자산이 없으므로 DAO가 아닙니다. 이는 탈중앙화된 응용프로그램(DA, Decentralized Application)으로 간주합니다. 위 그림에 나타난 용어들의 자세한 정의는 비탈릭 부테린의 글을 참고합니다.[4, 5]

4 비탈릭 부테린(Vitalik Buterin, 1994~)은 프로그래머이자 작가로, 이더리움(Ethereum)을 만든 공동 창시자입니다.

5 Vitalik Buterin, "DAOs, DACs, DAs and More: An Incomplete Terminology Guide", Ethereum Blog, May 2014

#### 전자 투표

블록체인에서는 데이터의 위변조가 불가능하므로 신뢰할 수 있는 전자 투표 시스템을 구축할 수 있습니다. 특히 유권자의 익명성을 보장하기 위한 프라이버시(privacy) 기술이나 신원 확인 기술을 함께 도입하곤 합니다.

#### 스마트 계약

블록체인은 계약 내용의 위변조를 방지하는 데 활용될뿐만 아니라 특정 조건을 만족하면 자동으로 계약을 수행하는 스마트 계약(smart contract)의 작성에도 활용됩니다. 블록체인은 계약 설계의 기본 원칙인 식별 가능성(observability), 검증 가능성(verifiability), 프라이버시, 강제 가능성(enforceability)을 만족해 정부와 같은 중앙화된 기관이 없어도 개인 간의 계약에 신뢰와 구속력을 부여합니다.[6]

이 밖에도 문서 관리, 소셜미디어 등의 영역에서 블록체인이 활용됩니다.

## 01 블록체인의 정의

블록체인은 여러 학문을 바탕으로 등장했고, 또한 여러 학문에 널리 응용됩니다. 이러한 범학문적인 특성 때문에 블록체인의 정의는 관점에 따라 매우 다양합니다. 가령 인문학이나 철학의 관점에서는 권력으로부터의 탈중앙화를 추구해서 합의와 거버넌스에 좀 더 집중합니다. 그러나 경제학의 관점에서는 행동적 요소와 심리적 요소를 강조하는 등 보상 구조에 흥미를 가집니다.

컴퓨터공학이라는 학문에서조차 블록체인은 다양하게 해석됩니다. 암호학의 관점에서 주로 바라보면 블록체인은 “데이터의 임의 수정이 불가능한 시스템”입니다. 다른 관점에서는 “관리할 데이터를 블록이라는 단위로 다루는 분산 데이터 저장 기술”이며 “상태(state)와 프로그램을 저장하고 구동하는 분산 플랫폼”이기도 합니다.

이 책에서는 블록체인을 “신뢰를 부여하는 분산 데이터 저장 기술”로 바라봅니다. 블록체인은 근본적으로 P2P(Peer-to-Peer) 방식을 기반으로 하는 분산 데이터 저장 기술이므로 쓰기와 읽기에 권한을 두지 않아(비허가, permissionless) 누구나 열람할 수 있고 수정할 수 있습니다.

---

6 N Szabo, “Smart Contracts: Building Blocks for Digital Markets”, Unpublished manuscript, 1996

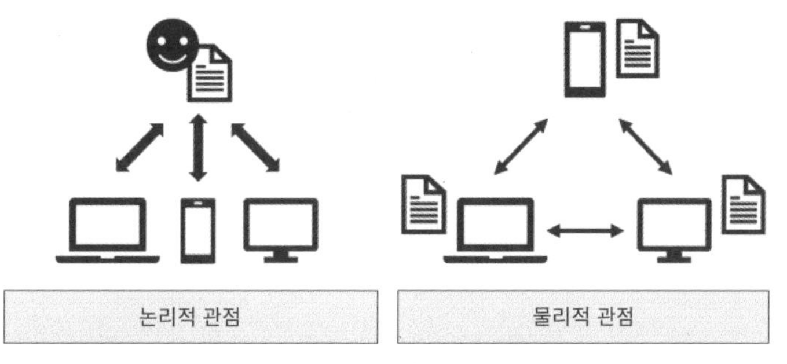

그림 1.4 블록체인의 논리적 관점과 물리적 관점

블록체인은 마치 네트워크 참여자들이 하나의 데이터베이스를 참조하는 듯한 논리적 관점을 제공합니다. 그러나 실제로는 모든 데이터를 참여자들이 중복으로 소유합니다. 각 참여자는 제안된 데이터가 유효할 경우에만 이에 동의하고 본인의 데이터베이스–관례적으로 원장(ledger)이라 부름–를 업데이트합니다. 동의한 참여자의 수가 많을수록 원장을 위변조하기 어려워지므로 더 많은 신뢰가 부여된 것입니다.

네트워크는 본래 비동기적이고 물리적 및 논리적 거리가 존재하기 때문에 각 참여자가 소유한 원장 간에 차이가 발생합니다. 심지어 악의적인 참여자가 의도적으로 위변조된 원장을 퍼뜨리기도 합니다. 이러한 불일치를 합의로 해결하고 신뢰를 부여하는 것이 블록체인입니다. 신뢰는 수학적인 방법, 사회심리학적인 방법, 혹은 복합적인 방법 등으로 부여됩니다.

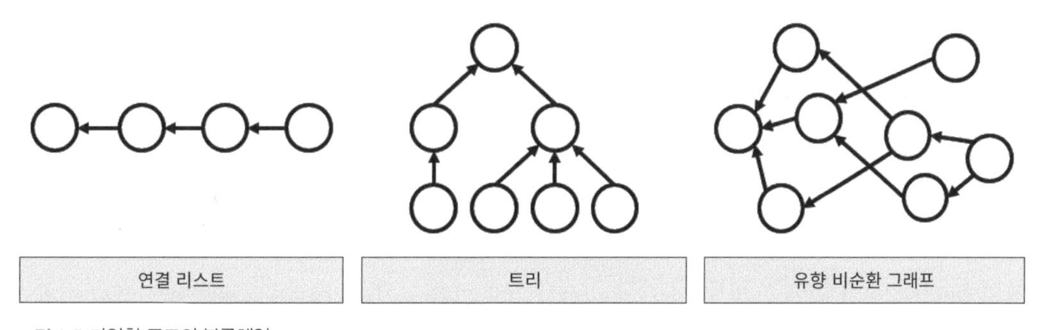

그림 1.5 다양한 구조의 블록체인

본 정의에는 '블록'이나 '체인'과 같은 구조의 명세가 없습니다. 원장은 연결 리스트(linked list), 트리(tree), 유향 비순환 그래프(DAG, Directed Acyclic Graph) 등 다양한 구조로 구성할 수 있습니다. 설계자의 철학에 따라 데이터는 블록 생성 시간을 대략 맞추며 동기적으로 저장되거나, 비동기적으로 저장됩니다. 또한 블록체인에 저장되는 데이터의 종류와 크기에 제한을 두지 않았습니다.

본 정의에는 거래에 대한 언급도 없습니다. 흔히 블록체인과 암호화폐를 동일시하는 경우가 잦은데, 이 둘은 명백히 구분해야 합니다. 널리 알려진 블록체인인 이더리움 역시 “스마트 계약을 구동하기 위한 탈중앙화 플랫폼”을 표명하며 암호화폐로서의 용례에 국한되지 않습니다.[7] 암호화폐는 블록체인의 사용 사례 중 하나일 뿐입니다.

## 02 블록체인의 한계

블록체인은 이른바 ‘신뢰의 장치’로서 종래의 네트워크가 풀지 못했던 여러 문제를 해결했습니다.[8] 그럼에도 다음과 같은 한계로 인해 만능 기술이 될 수는 없습니다.

### 51% 공격

블록체인을 공격해 데이터를 위변조하려면 전체 시스템의 절반이 넘는 파워(power)가 필요합니다. 이러한 과반을 상징하는 의미로 ‘51% 공격’이라 칭합니다. 이 파워는 합의의 종류에 따라 해시 연산 능력(해시 파워, hash power)일 수도, 자본의 양일 수도 있습니다. 블록체인 네트워크의 규모가 커질수록 총 파워의 과반을 확보하기가 어려워지므로 51% 공격이 사실상 불가능해집니다.[9, 10]

반면 규모가 작은 블록체인은 공격에 취약할 수 있습니다. 실제로 2018년 5월에서 6월 사이에만 5개의 블록체인 기반 암호화폐–모나코인(Monacoin), 비트코인골드(Bitcoin Gold), 젠캐시(Zencash), 버지(Verge), 라이트코인 캐시(Litecoin Cash)–가 51% 공격을 당한 사례가 있습니다.[11]

이 51%라는 수치는 블록체인의 구조나 합의 알고리즘이 달라지면 34% 혹은 67% 등으로 나타나기도 합니다.

### 중앙화 문제

블록체인이 제공하는 가장 큰 가치는 탈중앙화입니다. 그러나 역설적이게도 탈중앙화를 위해 설계된 보상 시스템으로 인해 새로운 중앙화 문제가 발생했습니다. 보상을 목표로 많은 자원을 투자해 큰 파워를 확보한 개인 또는 집단이 등장한 것입니다.

---

7 “Ethereum is a decentralized platform that runs smart contracts”, https://www.ethereum.org

8 The Economist, “The trust machine”, Oct 2015

9 실제로는 과반이 아니라 적어도 네트워크의 2/3가 정직해야 안전합니다.

10 Ittay Eyal and Emin G'un Sirer, “Majority is not enough: bitcoin mining is vulnerable”, Commun. ACM 61, pp.95–102, June 2018

11 M Saad, et al., “Exploring the Attack Surface of Blockchain: A Systematic Overview”, arXiv:1904.03487, Apr 2019

비트코인과 이더리움의 채굴자(miner)는 많은 양의 연산을 통해 블록을 생성하는 채굴(mining)을 수행합니다. 채굴자의 연산 능력이 클수록 블록을 생성해 보상을 받을 확률이 높아집니다. 이들은 블록 생성의 대가로 주어지는 암호화폐 보상을 목표합니다. 암호화폐의 가치가 상승하면서 전문적으로 채굴에 뛰어드는 채굴자 또는 채굴 집단(mining pool)이 생겨났고, 막대한 연산 자원을 바탕으로 블록 생성을 주도합니다.

채굴 파워(mining power)는 각 채굴자가 주 체인(main chain)에 기여한 블록의 비율입니다. 채굴 파워를 비교함으로써 채굴의 중앙화 정도를 비교할 수 있습니다. 다음 그림의 $x$축은 비트코인과 이더리움의 상위 채굴자 스무 명을 채굴 파워를 기준으로 내림차순으로 정렬한 것이며, $y$축은 채굴 파워의 비율을 나타낸 것입니다.

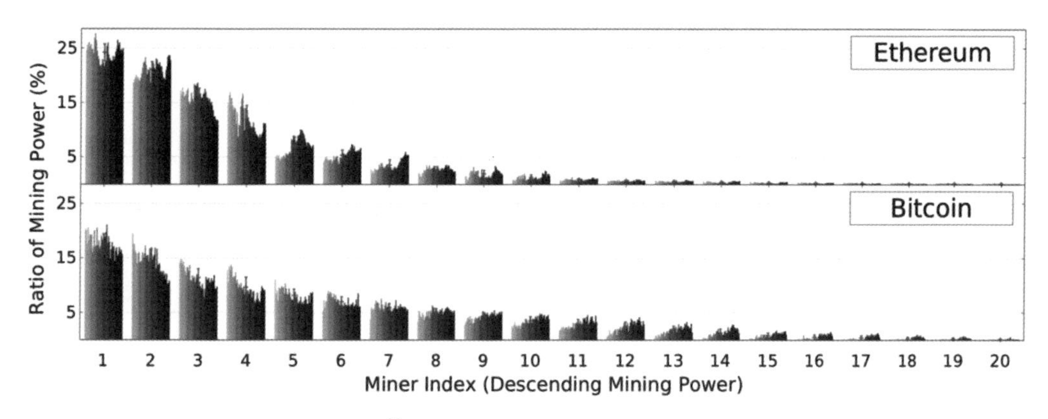


그림 1.6 비트코인과 이더리움의 채굴 파워 분배[12]

채굴자는 데이터를 쓰는 주체이므로 특정 주체에게 중앙화되는 것을 피해야 합니다. 그러나 비트코인에서는 상위 채굴자 네 명이 평균 채굴 파워의 53% 이상을 가지며, 이더리움은 상위 채굴자 세 명이 평균 채굴 파워의 61%를 가집니다. 두 시스템 모두 매우 적은 수의 채굴자에게 의존합니다. 오히려 동등한 권한을 가진 스무 명의 의사결정권자로 구성된 비잔틴 정족수 시스템(Byzantine quorum system)이 탈중앙화 정도가 더 높습니다.[13]

심지어 이러한 중앙화 정도는 더 심화될 전망입니다. 주 체인에 속하지 못한 블록을 고아 블록(orphan block)이라 하는데, 똑같이 자원을 소모했음에도 고아 블록의 데이터는 인정받지 못하므로 채굴자에게는 기피해야 할 대상입니다. 각 채굴자의 채굴 파워 대비 고아 블록 생성 부담의 비율로 공평성

12 Gencer, Adem Efe, et al., "Decentralization in bitcoin and ethereum networks", arXiv preprint arXiv:1801.03998, Jan 2018

13 D. Malkhi and M. Reiter, "Byzantine quorum systems", Journal of Distributed Computing, 1998

(fairness)을 계산할 수 있습니다. 공평한 프로토콜에서는 채굴자의 채굴 파워에 비례해 고아 블록이 생성될 것입니다. 따라서 이상적인 공평성 수치는 1입니다. 만일 공평성이 1보다 크면 채굴자가 불이익을 받는 상황입니다. 반대로 공평성이 1보다 작으면 채굴자가 부당한 이익을 얻는 상황입니다. 다음 그림의 $x$축은 상위 채굴자 스무 명을 채굴 파워를 기준으로 내림차순으로 정렬한 것이며, $y$축은 공평성 비율을 로그 스케일(log scale)로 나타낸 것입니다.

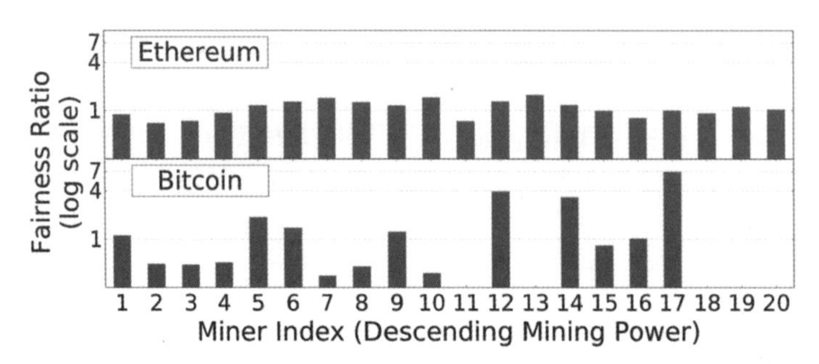


그림 1.7 비트코인과 이더리움의 공평성 비율

높은 분산은 중앙화를 야기합니다. 비트코인과 이더리움의 평균 공평성은 각각 1.22와 1.08로 유사하지만 표준 편차는 각각 1.72와 0.25로 크게 차이납니다. 비트코인의 상위 채굴자 네 명은 공평성의 값이 1에 가깝거나 1보다 작습니다. 반면 소규모 채굴자들은 일시적으로 높아지는 공평성으로 인해 불이익을 받습니다. 따라서 소규모 채굴자들이 대규모 채굴 집단으로 모이는 중앙화 현상이 발생합니다.

탈중앙화를 보장하기 위한 새로운 블록체인의 구조 및 비허가 합의 알고리즘의 연구가 지속되고 있습니다. 개중에는 알고랜드(Algorand)나 아발란체(Avalanche)와 같이 눈여겨볼 만한 결과물들도 있습니다.[14, 15]

14 Gilad Yossi, et al., "Algorand: Scaling byzantine agreements for cryptocurrencies", Proceedings of the 26th Symposium on Operating Systems Principles, Oct 2017.

15 Team Rocket, "Snowflake to avalanche: A novel metastable consensus protocol family for cryptocurrencies", May 2018

### 확장성 문제

블록체인 네트워크에 참여하는 모든 노드(node)는 발생하는 데이터를 수집, 검증, 전송하는 처리 과정을 거쳐야 합니다. 또한 실시간으로 증가하는 전체 데이터의 사본을 유지해야 합니다. 이러한 시스템은 신뢰성을 제공하지만 확장성(scalability)을 보장하지는 못합니다. 확장성 문제는 블록체인이 처리할 수 있는 트랜잭션(transaction)의 양에 제한이 있음을 시사합니다.

종래의 데이터베이스 시스템은 서버를 확충하는 것으로 확장성 문제를 해결할 수 있습니다. 그러나 블록체인에서는 참여자가 많아지더라도 시스템 성능이 증가하지 않습니다. 비트코인과 유사한 구조의 블록체인은 최대 트랜잭션 처리량이 최대 블록 크기 나누기 블록 생성 간격(interval)으로 제한됩니다.[16]

최대 블록 크기를 키우고 블록 생성 간격을 줄이는 것으로 어느 정도의 이득을 취할 수는 있으나 충분한 해결책이 되지는 못합니다. 네트워크의 유효 처리량(effective throughput)을 보장해야 하기 때문입니다. '$X\%$ 유효 처리량'은 평균 블록 생성 간격 동안에 전체 네트워크 노드의 $X\%$에게 블록을 전파할 수 있는 처리량입니다. 만일 트랜잭션 비율이 90% 유효 처리량을 초과하면 노드 중 10%가 뒤처져 네트워크의 유효 채굴 파워가 잠재적으로 감소합니다. 블록 크기와 블록 생성 간격, 유효 처리량 간의 관계는 다음과 같습니다.

$$\frac{\text{블록 크기 } [MB]}{X\% \text{ 유효 처리량 } [MB/sec]} < \text{블록 생성 간격 } [sec]$$

따라서 $X\%$ 유효 처리량을 보장하는 상황에서 블록 크기는 ($X\%$ 유효 처리량×블록 생성 간격)의 상한을 가지고, 블록 생성 간격은 (블록 크기 / $X\%$ 유효 처리량)의 하한을 가집니다. 결국 매개변수 재설정으로 얻을 수 있는 확장에는 한계가 있습니다. 그 이상의 확장을 이루기 위해서는 근본적인 프로토콜 재설계가 필요합니다.

16 Croman K. et al., "On Scaling Decentralized Blockchains", FC 2016: Financial Cryptography and Data Security, pp.106–125, Aug 2016

### 저장 용량 문제

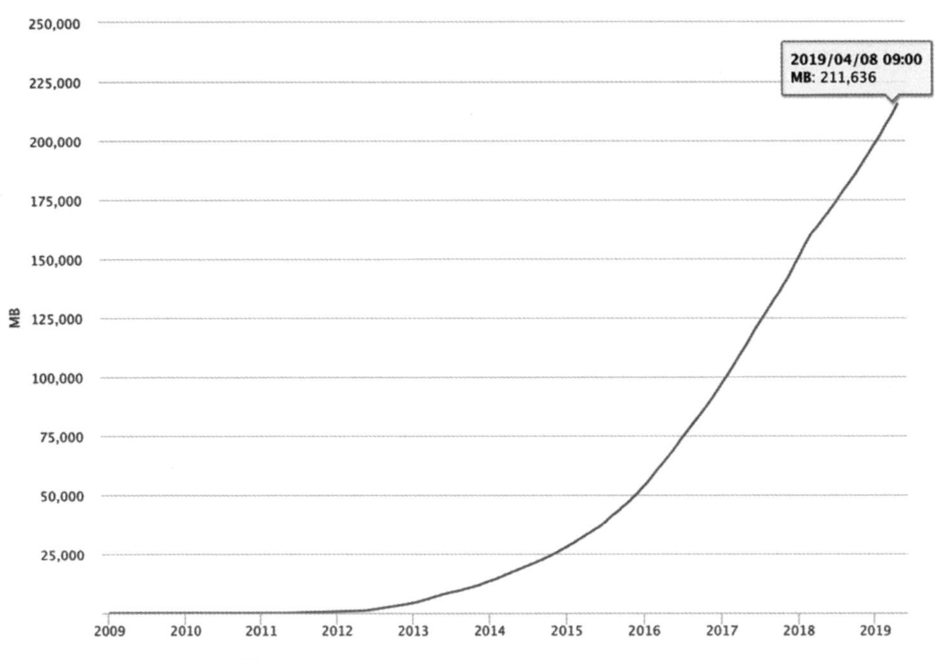


그림 1.8 비트코인 원장 크기의 추이[17]

블록체인의 원장 크기는 지속해서 증가합니다. 현재 비트코인의 원장 크기는 이미 200GB를 넘어섰습니다(2019년 4월 8일 기준). 큰 원장은 막대한 저장 용량과 다운로드 시간을 요구해 신규 노드의 진입을 방해합니다. 전체 블록체인을 유의미한 시간 내에 검증하기 위한 연산 능력 또한 요구됩니다. 일반적인 컴퓨터에게도 부담스러운데, 저장 용량이 적고 연산 성능이 낮은 모바일 기기나 사물 인터넷(IoT, Internet of Things) 기기에게는 아주 큰 부담입니다.

저장 용량 문제의 해결책으로 다음과 같은 방법이 제시되고 있습니다. 자세한 내용은 각 논문을 참고합니다.

- 트랜잭션 만기(expiration)를 도입해 오래된 계좌(account) 상태를 제거하는 볼트(Vault)[18]
- 각 계좌가 고유의 블록체인을 가지는 나노(Nano)[19]

---

17 https://www.blockchain.com/en/charts/blocks-size

18 Leung Derek, et al., "Vault: Fast Bootstrapping for the Algorand Cryptocurrency", NDSS, Feb 2019

19 LeMahieu Colin, "Nano: A feeless distributed cryptocurrency network", https://nano.org/en/whitepaper, 2018

- 스킵 리스트(skip list) 구조의 NIPoPoW(Non-Interactive Proofs of Proof-of-Work)[20]
- 중간 거래를 병합해 전체 용량을 줄이는 밈블윔블(Mimblewimble)[21]

## 오라클 문제

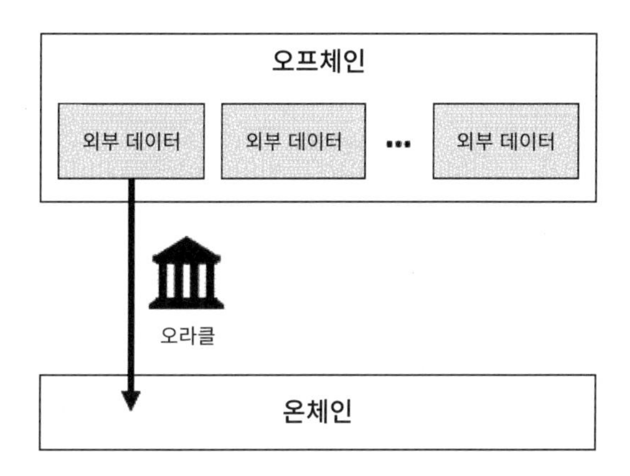


그림 1.9 오라클의 역할

오라클(oracle)은 블록체인의 밖(오프체인, OFF-chain)에 있는 데이터를 블록체인(온체인, ON-chain)으로 가져오는 중개인의 역할을 수행하는 사람이나 장치입니다. 외부 데이터를 블록체인에 기록하는 과정에서 여러 신뢰의 문제가 발생하는데, 이들을 통칭해 '오라클 문제'라 합니다.

가령 $\alpha$ 팀과 $\beta$ 팀이 겨루는 스포츠 경기의 결과에 따라 자동으로 코인을 지급하는 스마트 계약을 가정해 봅시다. 이 스마트 계약은 $\alpha$ 팀이 승리하면 $A$에게 코인을 지급합니다. 만일 $\beta$ 팀이 승리하면 $B$에게 코인을 지급합니다. 승패는 블록체인의 밖에 존재하는 외부 데이터이므로 이를 블록체인으로 가져오는 중개인이 필요합니다. 실제 경기는 $\alpha$ 팀의 승리로 종료됐습니다. 그러나 중개인이 고의 또는 실수로 블록체인에 $\beta$ 팀이 승리한 것으로 등록했습니다. 스마트 계약은 특정 조건을 만족하면 자동으로 계약을 수행할 뿐이며 데이터의 옳고 그름을 판단할 수 없습니다. 따라서 $B$에게 코인이 잘못 지급되는 문제가 발생합니다.

오라클 문제는 비난 중개인의 타락에 의해서만 발생하는 것이 아닙니다. 데이터를 전송하는 과정에서 오류가 발생하거나 공격받을 가능성이 있습니다. 심지어 데이터 자체에 노이즈(noise)가 있을 수 있습니다.

---

20 Aggelos Kiayias, et al., "Non-Interactive Proofs of Proof-of-Work", IACR Cryptology ePrint Archive, May 2018

21 Andrew Poelstra, "Mimblewimble", https://www.nxtage.com/upload/default/20190123/5d1b664885f95defa1acecc3a7373e6f.pdf, 2016

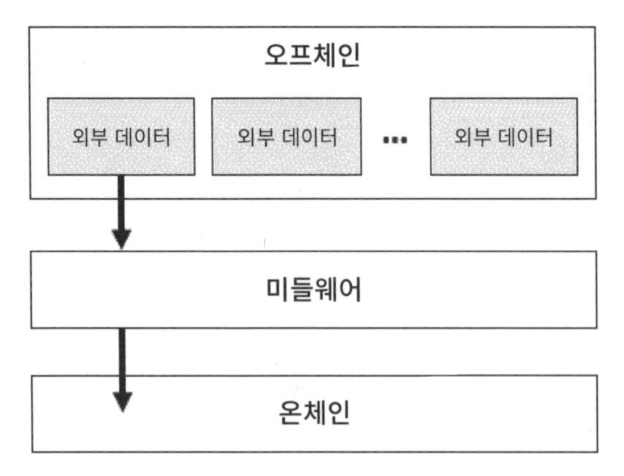


그림 1.10 미들웨어 형태의 오라클

오라클 문제를 해결하기 위한 다양한 방안이 제시되고 있으나 아직 근본적인 해결책은 없습니다. 흔히 사용되는 방법은 오라클 역할을 수행하는 별도의 미들웨어를 두는 것입니다.[22] 여러 중개인이 등록한 데이터의 중앙값(median)을 선택하는 것으로 오라클 문제를 희석할 수 있습니다. 체인링크(Chainlink)와 같이 자체적으로 온전한 형태를 갖춘 블록체인이 미들웨어로 활용되기도 합니다.[23] 올바른 데이터를 등록하면 보상을 제공하고, 잘못된 데이터를 등록하면 징벌을 가하는 것으로 중개인의 정직한 행동을 유도합니다. 또는 투표를 통해 데이터의 신뢰 여부를 결정합니다.

## 03 상향식 접근법과 하향식 접근법

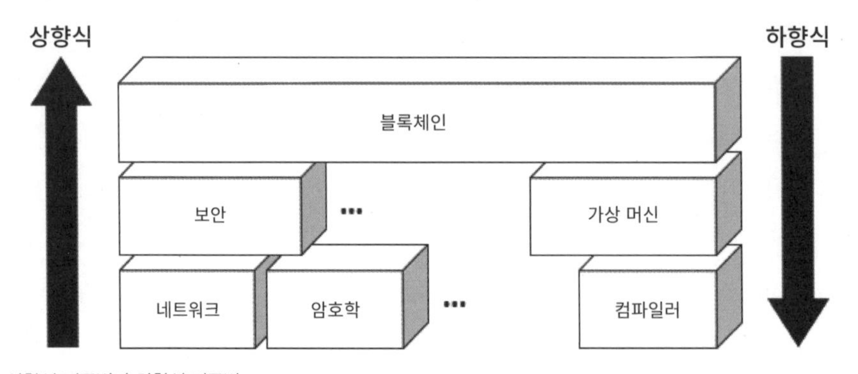


그림 1.11 상향식 접근법과 하향식 접근법

22 미들웨어(middleware)란 용어는 그 의미와 사용처가 광범위합니다. middleware.org에서는 미들웨어를 "소프트웨어 풀(glue)"로 칭하는데, 양측을 연결해 데이터 교환이 가능하도록 매개 역할을 하는 소프트웨어라는 의미입니다.

23 https://chain.link

블록체인이라는 새로운 기술에 대한 학문적 접근법은 크게 상향식과 하향식으로 구분됩니다. 상향식 접근법은 블록체인의 기반이 되는 기술인 네트워크, 암호학, 자료구조, 데이터베이스, 컴파일러 등 컴퓨터공학 전반에 대한 사전 지식을 요구합니다. 이들을 조합해가며 목표로 하는 기술에 접근해갑니다.

반면 하향식 접근법에서는 세부사항을 배제한 전체 개요를 수립한 뒤 단계별로 구체화하는 과정을 통해 기술을 이해합니다. 블록체인의 정의를 내린 후 요구되는 지식을 공부하는 방식입니다.

블록체인은 광범위한 학문을 바탕으로 하므로 사전 지식을 요구하는 상향식 접근법을 취하기 어렵습니다. 따라서 흔히 하향식 접근법을 취합니다만, 이 또한 애로 사항이 많습니다. 배움을 시작하는 입장에서 높은 수준의 추상화부터 맞닥뜨리는 것입니다. 이에 이 책은 블록체인의 추상화부터 구체화하는 과정까지 독자가 블록체인 코어(core)를 이해하고 구현할 수 있게 하는 데 목적을 두고 있습니다.

## 이 책 톺아보기[24]

이 책을 구성하는 각 장의 요약은 다음과 같습니다.

이번 1장 도입부에서는 블록체인의 의의와 정의를 살펴봤습니다. 이어질 실습에서는 단일 노드 환경에서 최소 기능을 수행하는 블록체인을 구현합니다. 이 단계에서는 아직 구현체가 통신 기능을 갖추지 못해 네트워크를 형성할 수 없습니다.

2장에서는 인터넷 프로토콜 스택을 기반으로 네트워크를 학습합니다. 특히 블록체인이 '두꺼운 프로토콜'이라는 개념으로 종래의 통신 프로토콜과 차별화되는 측면을 살펴봅니다. 실습에서는 사용자와 노드 간의 통신, 노드와 노드 간의 통신을 구현합니다. 구현체는 비로소 블록체인 코어로서 기능합니다.

3장과 4장에서는 기초 수학과 이를 기반으로 한 암호학을 학습합니다. 블록체인의 핵심 요소인 비대칭키 암호와 디지털 서명을 중점적으로 살펴봅니다. 3장의 실습에서는 합의 알고리즘을, 4장의 실습에서는 주소 개념을 도입합니다.

5장에서는 블록체인의 사용 사례를 살펴봅니다. 지금까지의 구현체는 범용 목적으로 설계됐습니다. 여기에 거래 계층을 더하면 암호화폐로 기능하고, 가상 머신 계층을 더하면 탈중앙화 플랫폼으로 기능합니다.

24 꼼꼼히 살펴보기를 의미하는 순우리말

# 04 실습

| 블록체인 | | | | | | 통신 | | |
|---|---|---|---|---|---|---|---|---|
| 블록 생성 | 검증 | | 합의 | | 식별 | P2P | | HTTP |
| 블록 채굴 | 블록 | 블록체인 | 작업 증명 | 가장 긴 체인 | 주소 | 피어 연결 | 브로드캐스트 | RESTful API |

그림 1.12 원체인

참고할 구현체인 '원체인(one-chain)'은 재사용을 목적으로 만들어진 오픈소스 블록체인 코어로서 간결한 코드와 엄격한 모듈화가 특징입니다.[25] 원체인은 블록체인이 갖춰야 할 여러 기능-블록 생성, 검증, 합의, 식별, 통신-을 포괄합니다. 다만 서비스를 염두에 두고 제작된 블록체인 코어가 아니므로 각 기능들이 가장 단순한 방법으로 구현돼 있다는 점에 유의해야 합니다.

원체인은 프로그래밍 언어로 자바스크립트를 사용하며 Node.js를 기반으로 작성됐습니다. 비록 자바스크립트를 기반으로 하지만 의사코드(pseudo-code) 스타일로 작성돼 있어 다른 언어를 사용하는 분들에게도 높은 가독성을 보여줍니다.

## 구동 및 개발 환경 구축하기

### Node.js

원체인을 구동하려면 최신 버전의 Node.js가 필요합니다. 홈페이지를 통해 LTS(Long Term Support) 버전의 다운로드 및 설치를 진행할 수 있습니다.[26] macOS 사용자는 node-v10.15.3.pkg 파일을, 윈도우 사용자는 node-v10.15.3-x86.msi 파일을 다운로드합니다(2019년 4월 8일 기준).

그림 1.13 Node.js 다운로드

25 https://github.com/twodude/onechain

26 https://nodejs.org/en/download/

Node.js가 제대로 설치됐는지 확인하기 위해 다음 명령을 수행합니다. 버전 정보가 출력되면 설치가 성공적으로 완료된 것입니다.

예제 1.1 Node.js 설치 확인

```
$ node --version
v10.15.3
```

## curl

또한 URL 형식으로 데이터를 주고받기 위해 curl이 필요합니다. 현재 7.64.1이 최신 안정 버전입니다. macOS에는 기본적으로 탑재돼 있으나, 윈도우 사용자는 다운로드 페이지에서 CPU 아키텍처(32비트/64비트) 유형에 해당하는 빌드된 바이너리(binary)를 받아 사용합니다.[27]

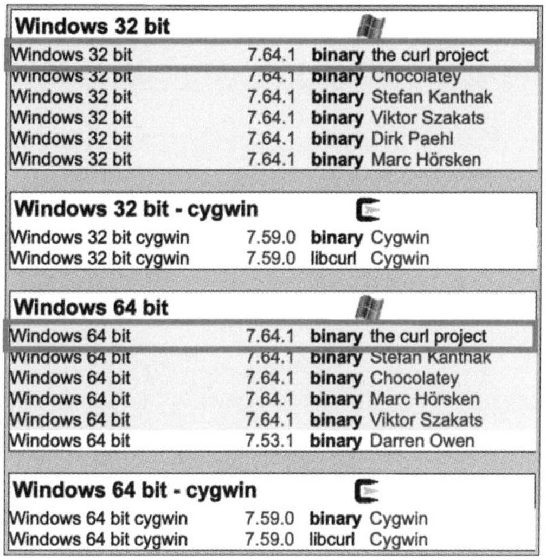

| Windows 32 bit | | | |
|---|---|---|---|
| Windows 32 bit | 7.64.1 | **binary** | the curl project |
| Windows 32 bit | 7.64.1 | **binary** | Chocolatey |
| Windows 32 bit | 7.64.1 | **binary** | Stefan Kanthak |
| Windows 32 bit | 7.64.1 | **binary** | Viktor Szakats |
| Windows 32 bit | 7.64.1 | **binary** | Dirk Paehl |
| Windows 32 bit | 7.64.1 | **binary** | Marc Hörsken |

| Windows 32 bit - cygwin | | | |
|---|---|---|---|
| Windows 32 bit cygwin | 7.59.0 | **binary** | Cygwin |
| Windows 32 bit cygwin | 7.59.0 | libcurl | Cygwin |

| Windows 64 bit | | | |
|---|---|---|---|
| Windows 64 bit | 7.64.1 | **binary** | the curl project |
| Windows 64 bit | 7.64.1 | **binary** | Stefan Kanthak |
| Windows 64 bit | 7.64.1 | **binary** | Chocolatey |
| Windows 64 bit | 7.64.1 | **binary** | Marc Hörsken |
| Windows 64 bit | 7.64.1 | **binary** | Viktor Szakats |
| Windows 64 bit | 7.53.1 | **binary** | Darren Owen |

| Windows 64 bit - cygwin | | | |
|---|---|---|---|
| Windows 64 bit cygwin | 7.59.0 | **binary** | Cygwin |
| Windows 64 bit cygwin | 7.59.0 | libcurl | Cygwin |

그림 1.14 curl 다운로드 (1/2)

27 https://curl.haxx.se/download.html

## curl 7.64.1 for Windows

These are the latest and most up to date **official** curl binary builds for Microsoft Windows.

**curl version:** 7.64.1
**Build:** 7.64.1_1
**Date:** 2019-03-27
**Changes:** 7.64.1 changelog

**Related:**
Changelog
Downloads
FAQ
License
Manual

### Packages

curl for 64 bit
Size: 3.1 MB
sha256: c729be88bf139f43fe56aa196058f72ed344dc000877afae33b95cf51c2fb8f8

curl for 32 bit
Size: 2.9 MB
sha256: 550c3633198a2b6985a01236e60658077466ef54537bef490dc0cec47c53cda7

그림 1.15 curl 다운로드 (2/2)

압축을 해제하고 bin 폴더에 들어있는 curl.exe 실행 파일을 "C:\Windows\System32"에 복사합니다. 만일 64비트 터미널에서 curl 명령어를 사용하고자 한다면 실행 파일을 "C:\Windows\SysWOW64"에 복사합니다.

CPU 아키텍처는 다음 명령으로 확인할 수 있습니다. 출력값이 AMD64라면 64비트, x86이라면 32비트입니다.

예제 1.2 CPU 아키텍처 확인

```
$ echo %PROCESSOR_ARCHITECTURE%
AMD64
```

curl이 제대로 설치됐는지 확인하기 위해 다음 명령을 수행합니다. 버전 정보가 출력되면 설치가 성공적으로 완료된 것입니다.

예제 1.3 curl 설치 확인

```
$ curl --version
curl 7.64.1
```

## Git

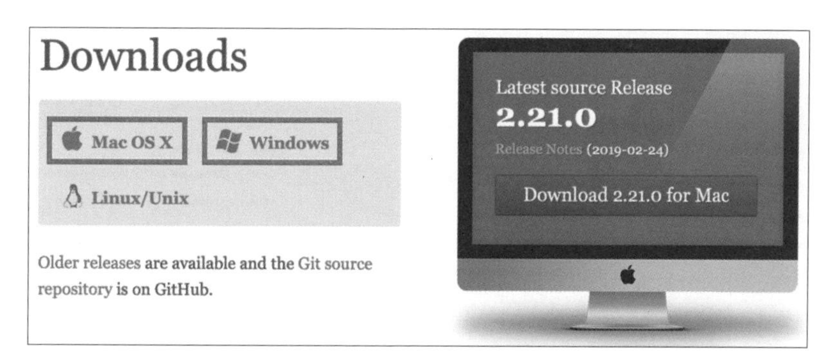


그림 1.16 Git 다운로드

Git을 사용하면 한 줄의 명령으로 원체인 저장소를 다운로드할 수 있습니다. 홈페이지를 통해 Git의 다운로드 및 설치를 진행할 수 있습니다.[28] 현재 최신 버전은 2.21.0입니다.

Git이 제대로 설치됐는지 확인하기 위해 다음 명령을 수행합니다. 버전 정보가 출력되면 설치가 성공적으로 완료된 것입니다.

예제 1.4 Git 설치 확인

```
$ git —version
git version 2.21.0
```

이제 원체인 저장소를 통째로 다운로드합니다.

예제 1.5 원체인 깃허브 저장소 복제

```
$ git clone https://github.com/twodude/onechain
Cloning into 'onechain'...
remote: Enumerating objects: 179, done.
remote: Counting objects: 100% (179/179), done.
remote: Compressing objects: 100% (129/129), done.
remote: Total 853 (delta 110), reused 103 (delta 49), pack-reused 674
Receiving objects: 100% (853/853), 950.95 KiB | 1.28 MiB/s, done.
Resolving deltas: 100% (439/439), done.
```

28 https://git-scm.com/downloads

Git 명령어를 사용하지 않고 깃허브를 통해 직접 저장소를 다운로드할 수도 있습니다.

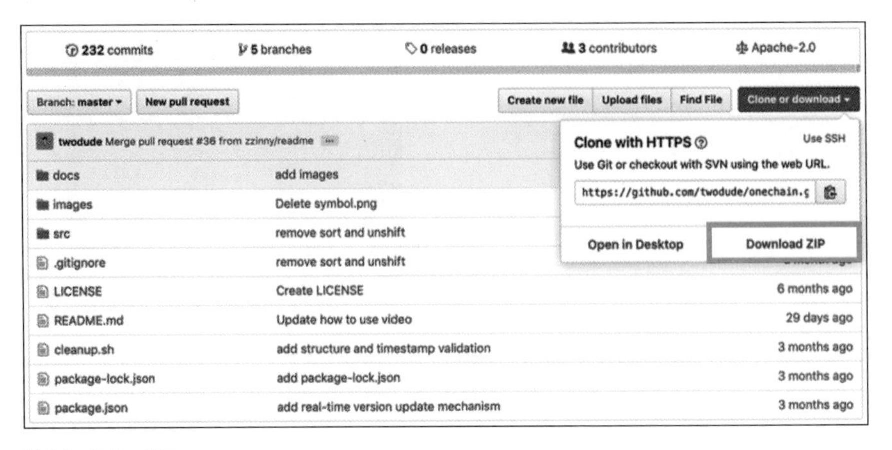


그림 1.17 원체인 저장소 다운로드

### 원체인

원체인 디렉터리로 이동해 package.json 파일의 dependencies에 정의된 패키지를 설치합니다.

예제 1.6 패키지 설치

```
$ cd onechain
$ npm install
added 73 packages from 47 contributors and audited 181 packages in 1.019s
found 0 vulnerabilities
```

원체인 프로토콜을 따르는 노드를 구동합니다. 환경변수를 달리하면 한 컴퓨터에서 여러 노드를 구동할 수 있는데, 이는 2장에서 좀 더 상세히 다루겠습니다.

예제 1.7 노드 구동

```
$ npm start
Listening websocket p2p port on: 6001
Create new wallet with private key to: wallet/3001/private_key
Listening http port on: 3001
```

노드가 제대로 구동되는지 확인하기 위해 별도의 창에서 다음 명령을 수행합니다. 정상적으로 구동되면 원체인 버전 정보가 출력됩니다. 현재 원체인의 최신 버전은 2.1.0입니다.

예제 1.8 원체인 버전 확인

```
$ curl http://127.0.0.1:3001/version
2.1.0
```

노드의 동작을 종료하고 싶으면 노드를 구동 중인 터미널에서 Ctrl+C를 입력합니다. 혹은 별도의 창에서 다음 명령을 수행합니다.

예제 1.9 노드 종료

```
$ curl -X POST http://127.0.0.1:3001/stop
{"msg":"Stopping server"}
```

### 포스트맨

curl을 사용하는 명령줄 인터페이스(CLI, Command Line Interface)에 익숙하지 않다면 그래픽 사용자 인터페이스(GUI, Graphical User Interface)인 포스트맨(Postman)을 통해 생산성을 높일 수 있습니다. 다음 홈페이지를 통해 포스트맨을 다운로드한 후 설치를 진행할 수 있으며,[29] 홈페이지에서 현재 사용 중인 운영체제와 CPU 아키텍처에 해당하는 파일을 다운로드합니다. 현재 최신 버전은 7.0.9입니다.

29 https://www.getpostman.com/downloads/

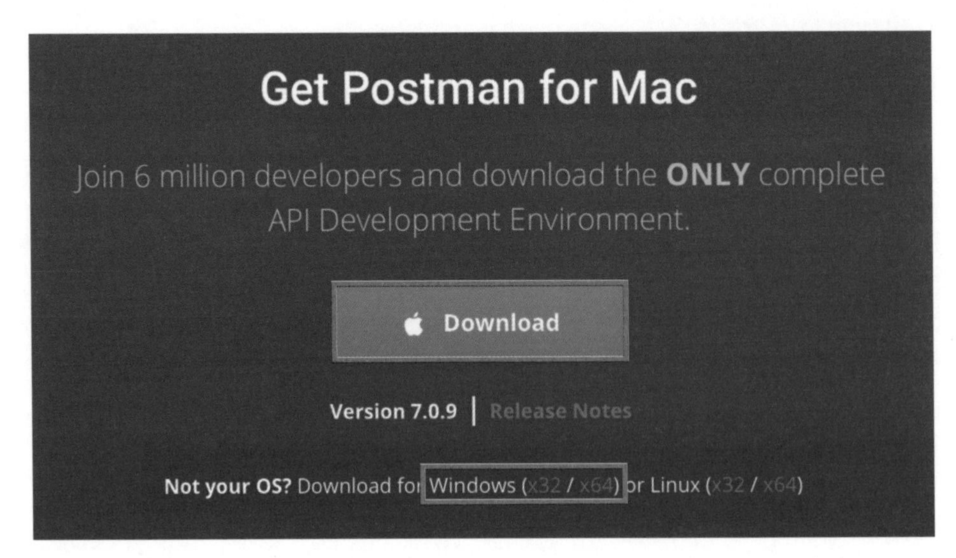


그림 1.18 포스트맨 다운로드

포스트맨을 설치하고 나면 포스트맨을 실행한 후 테스트 삼아 원체인의 버전 정보를 구해봅시다. 포스트맨에서 GET 방식을 선택하고 `http://127.0.0.1:3001/version`을 입력해 요청을 보냅니다. 정상적으로 구동되면 다음과 같이 원체인의 버전 정보가 출력됩니다.

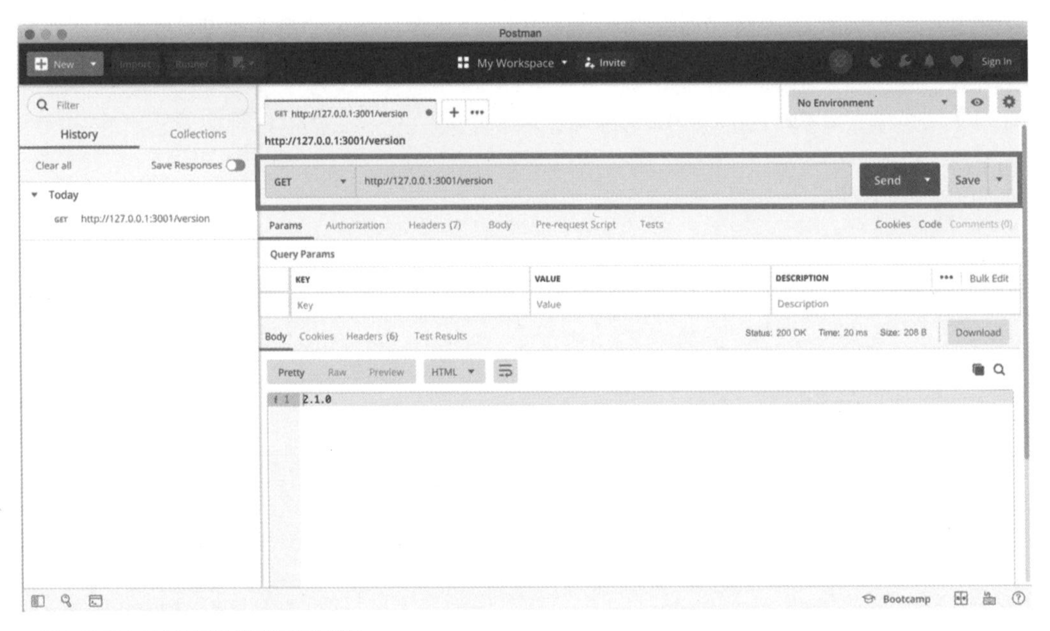


그림 1.19 포스트맨을 통한 원체인 버전 확인

다음으로 노드의 동작을 종료하기 위해 POST 방식을 선택하고 `http://127.0.0.1:3001/stop`을 입력해 요청을 보냅니다. GET과 POST 등 방식(method)에 관한 자세한 사항은 2장을 참고합니다.

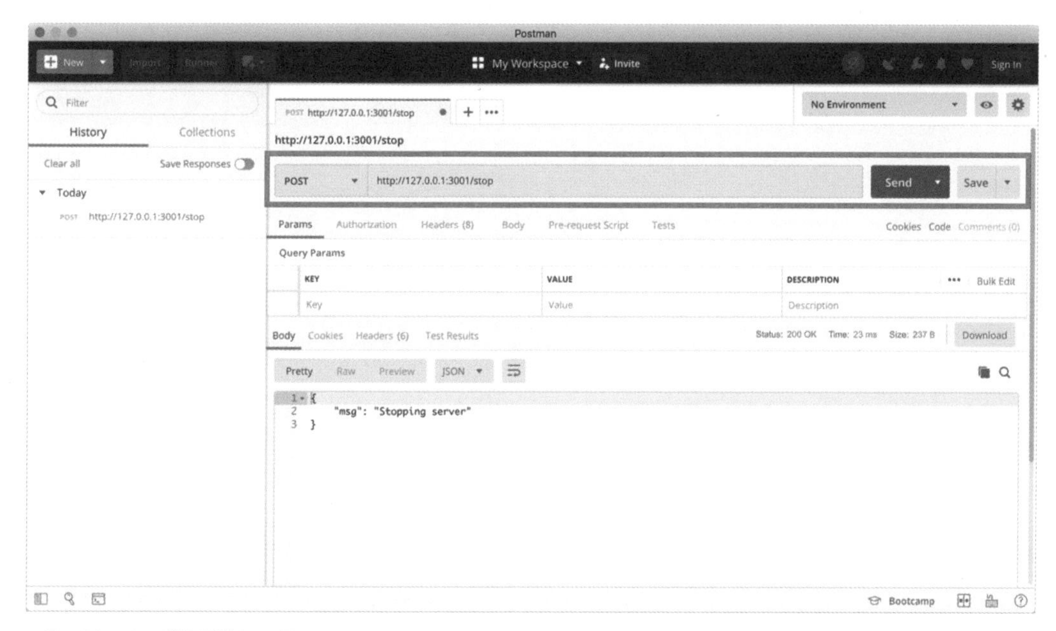


그림 1.20 포스트맨을 통한 노드 종료

## 비주얼 스튜디오 코드

원체인 개발에는 비주얼 스튜디오 코드(Visual Studio Code) 편집기를 사용합니다. 비주얼 스튜디오 코드는 통합 터미널을 내장하고 있으므로 명령 줄 작업을 수행하기 위해 창을 전환하거나 기존 터미널의 상태를 변경할 필요가 없습니다. 홈페이지를 통해 비주얼 스튜디오 코드의 다운로드 및 설치를 진행할 수 있습니다.[30] 현재 최신 버전은 1.33.1입니다.

30 https://code.visualstudio.com/download

그림 1.21 비주얼 스튜디오 코드 다운로드

비주얼 스튜디오를 설치한 후 단축키 Ctrl+`를 누르면 통합 터미널을 호출할 수 있습니다. 통합 터미널은 작업 영역의 루트에서 시작합니다. 가령 onechain 디렉터리를 열어 작업 중이라면 통합 터미널도 onechain에서 시작합니다.

그림 1.22 통합 터미널 호출

비주얼 스튜디오 코드에서는 여러 통합 터미널을 생성하고 관리할 수 있습니다. 컨텍스트 메뉴의 더하기 모양 아이콘을 클릭하거나 단축키 Ctrl+Shift+`를 통해 다중 터미널을 생성합니다. 이로써 드롭다운 목록에 새 항목이 추가됩니다.

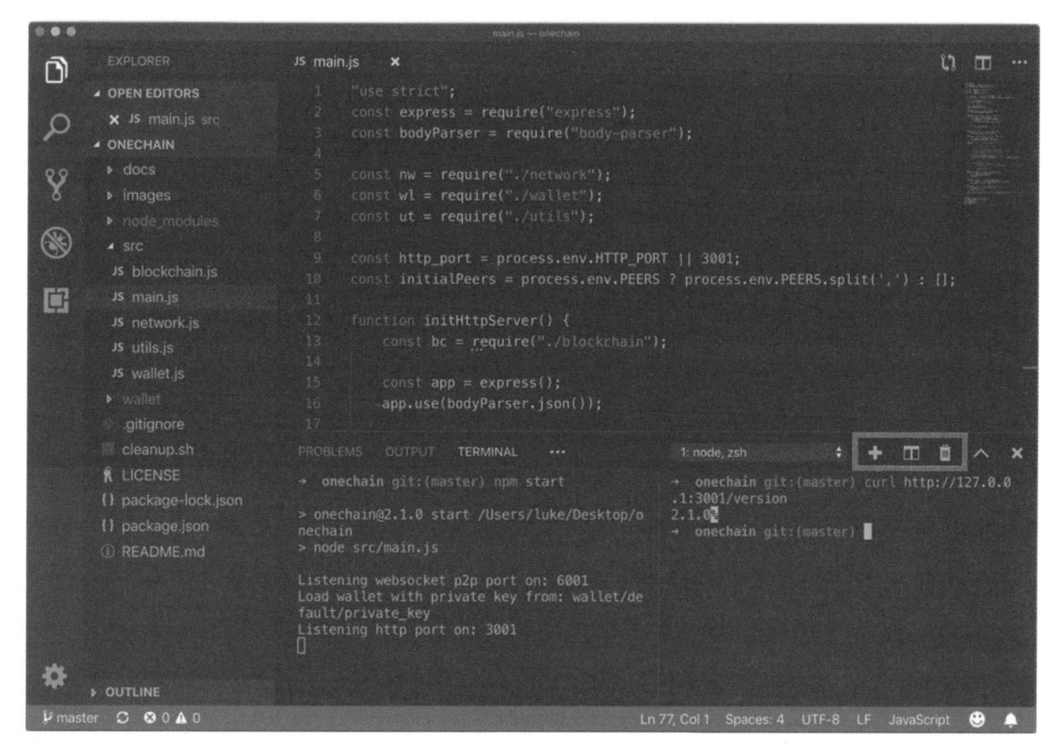


그림 1.23 터미널 분할 기능

터미널 분할 기능을 사용하면 같은 드롭다운 항목에서 여러 통합 터미널을 관리할 수 있습니다. 컨텍스트 메뉴의 두 번째 아이콘을 클릭하거나 단축키 Command+\(윈도우에서는 Ctrl+\)를 입력합니다. 컨텍스트 메뉴의 휴지통 모양 아이콘을 클릭하면 해당 터미널을 제거할 수 있습니다.

원체인의 구동 및 개발 환경을 요약하면 다음 표와 같습니다.

| 프로그램 | 버전 | 다운로드 페이지 | 비고 |
|---|---|---|---|
| Node.js | 10.15.3 | https://nodejs.org/en/download/ | |
| curl | 7.64.1 | https://curl.haxx.se/download.html | macOS 기본 제공 |
| Git | 2.21.0 | https://git-scm.com/downloads | Github 사용 가능 |
| Postman | 7.0.9 | https://www.getpostman.com/downloads/ | 선택적 |
| Visual Studio Code | 1.33.1 | https://code.visualstudio.com/download | |

그림 1.24 원체인 구동 및 개발 환경 요약

## 자바스크립트 개발 시작하기

이전 절에서 Git 명령어를 통해 이미 완성된 원체인 저장소를 다운로드했습니다. 원체인의 전체 코드는 본 책의 부록에서도 확인할 수 있습니다. 그러나 실습에서는 백지 상태부터 시작해 원체인의 기능을 하나씩 구현할 것입니다.

원체인은 Node.js를 기반으로 프로그래밍 언어로 자바스크립트를 사용하므로 개발을 시작하기에 앞서 수행해야 할 작업이 있습니다. 다음 내용은 이전 절에서 설명한 구동 및 개발 환경이 갖춰져 있다고 가정합니다. 또한 비주얼 스튜디오 코드 편집기를 기준으로 설명합니다.

우선 개발을 진행할 디렉터리를 만들고 비주얼 스튜디오 코드에서 엽니다. 예시에서는 `chapter-1`이라는 이름을 붙였습니다. 그 후 `main.js` 파일을 생성합니다. 이 `main.js` 파일에 코드를 작성할 것입니다.

그림 1.25 자바스크립트 개발 시작하기

다음 명령으로 package.json 파일을 생성합니다. 프로젝트의 메타데이터 정보를 담고 있는 package.json 파일은 Node.js 시스템 구성의 핵심입니다. 프로젝트를 식별할 수 있는 이름이나 버전 정보는 물론이고 진입 지점, 의존하는 패키지, 스크립트 등의 기능적 정보를 포괄합니다.

예제 1.10 package.json 파일 생성

```
$ npm init
```

npm init은 대화형 인터페이스로 package.json 파일 생성을 보조합니다. 만일 모든 정보를 기본값으로 설정할 경우 다음 명령을 수행하는 것으로 package.json 파일을 쉽게 생성할 수 있습니다.

예제 1.11 기본값으로 package.json 파일을 생성

```
$ npm init -y
```

생성된 package.json 파일은 JSON(JavaScript Object Notation) 형식을 따릅니다. 이 형식을 준수하며 "scripts"에 다음 문장을 추가합니다.

예제 1.12 주요 명령 추가

```
    "start": "node main.js"
```

그럼 package.json 파일은 내용은 다음과 같을 것입니다.

예제 1.13 package.json 파일

```
{
  "name": "chapter-1",
  "version": "1.0.0",
  "description": "",
  "main": "main.js",
  "scripts": {
    "test": "echo \"Error: no test specified\" && exit 1",
    "start": "node main.js"
  },
  "keywords": [],
  "author": "",
```

```
  "license": "ISC"
}
```

이제 다음 명령으로 main.js를 구동할 수 있습니다.

예제 1.14 main.js 구동

```
$ npm start
```

## 블록 구조

블록체인의 기본 개념은 꽤 단순해서 여타 분산 데이터 저장 기술과 크게 다르지 않습니다. 다만 '성장하는' 그리고 '위상적으로 정렬된(topologically sorted)' 원장을 가졌다는 특징이 있습니다. 위상적으로 정렬되어 비가역적 일방향성을 띠는 자료구조로는 연결 리스트, 트리, 유향 비순환 그래프 등이 있습니다. 어느 자료구조를 택해도 상관없으나 실습에서는 연결 리스트와 유사한 형태의 블록체인을 구현합니다.

다음은 블록의 기본 구조입니다. 블록체인 구성을 위한 필수 요소만 포함했다는 데 유의합니다. 개발자는 구현하고자 하는 블록체인의 특징에 따라 이외의 어떠한 요소라도 블록에 포함할 수 있습니다.

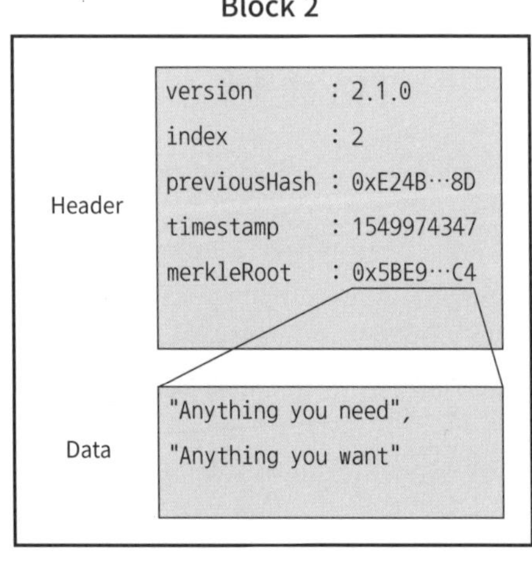


그림 1.26 블록 구조

블록은 크게 헤더(header)와 데이터(data) 필드로 나뉩니다. 헤더 필드는 블록의 기본 정보와 데이터 필드의 요약을 담고 있습니다. 반면 데이터 필드는 실제 저장하고자 하는 데이터를 담고 있습니다.

버전(version)은 해당 블록을 생성한 블록체인 코어의 버전 정보를 기록합니다. P2P 네트워크에서는 동시에 서로 다른 버전의 프로토콜이 혼재할 수 있으므로 상호 식별을 위해 버전 필드가 필요합니다. 또한 프로토콜이 크게 업데이트돼도 버전을 통해 하위 호환성을 제공할 수 있습니다.

인덱스(index)는 블록체인의 높이가 얼마나 높은지를 알 수 있는 척도입니다. 블록체인에서의 '높이'는 곧 '길이'와도 같습니다.

이전 해시(previous hash)는 이전 블록의 해시값입니다. 이전 블록의 헤더 내용으로부터 계산할 수 있습니다. 즉 이전 블록의 버전, 인덱스, 이전 해시, 타임스탬프, 머클 루트를 입력으로 한 해시값입니다.

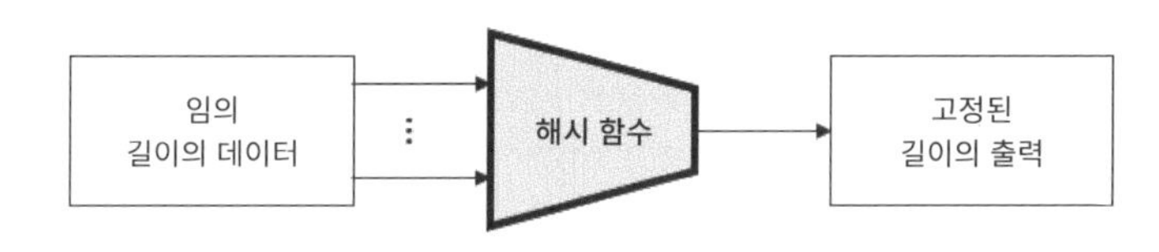


그림 1.27 해시 함수

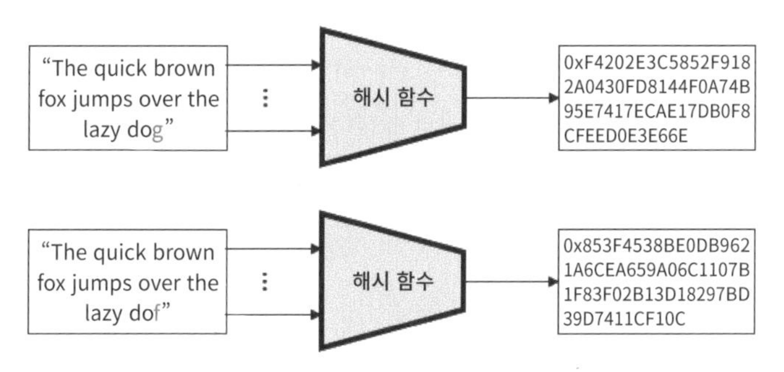


그림 1.28 암호학적 해시 함수 SHA-3의 예[31]

해시 함수는 임의의 길이의 데이터를 입력받아 고정된 길이의 출력으로 매핑하는 함수입니다. 해시 함수의 출력을 해시값 혹은 해시로 칭합니다. 특히 블록체인에서 주로 활용되는 해시 함수는 출력으로부터 입력을 추론하기 어려운 암호학적 해시 함수입니다. 위 그림은 암호학적 해시 함수인 SHA-3의 예입니다. 입력의 1비트만 바뀌어도 출력이 크게 달라짐을 알 수 있습니다.

31 National Institute of Standards and Technology (NIST), "Announcing Approval of Federal Information Processing Standard (FIPS) 202, SHA-3 Standard: Permutation-Based Hash and Extendable-Output Functions, and Revision of the Applicability Clause of FIPS 180-4, Secure Hash Standard", Aug 2015

다음은 여러 블록체인이 연결된 모습을 보여줍니다. 현재 블록이 이전 블록의 해시값을 참조한다는 데 주목합시다. 선형적으로 연결된 모습이 마치 체인 구조와 같다고 해서 '블록체인'이라 칭합니다.

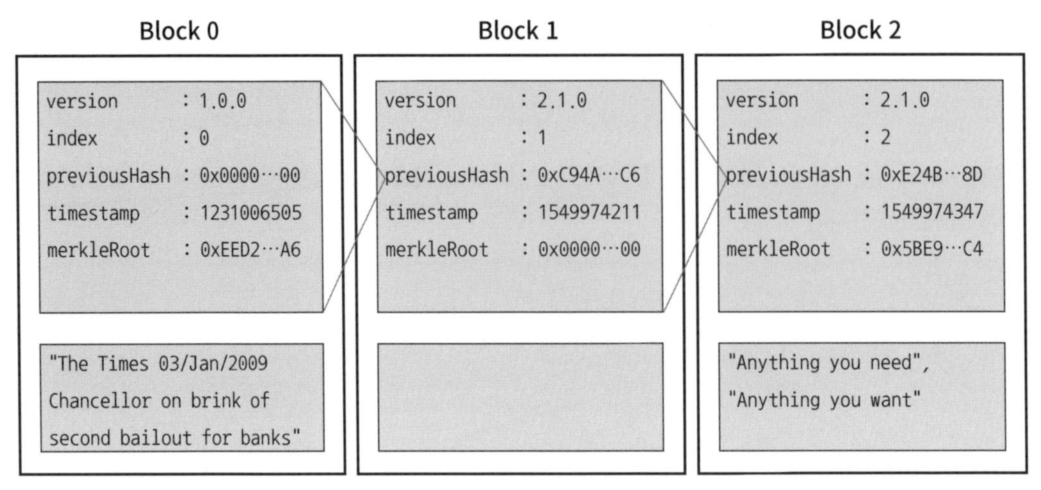


그림 1.29 블록체인 구조

타임스탬프(timestamp)는 블록이 생성된 시점의 시간 정보를 담고 있습니다. 현실 세계에서의 타임스탬프는 "2019-02-12 12:44:27"과 같이 문자열로 표시되지만 디지털계에서는 흔히 유닉스(UNIX) 시간을 사용합니다. 유닉스 시간은 1970년 1월 1일 00:00:00 시점의 협정 세계표준시(UTC)로부터 경과한 시간을 초로 환산해서 정수로 나타낸 수치입니다. 가령 "2019-02-12 12:44:27"에 해당하는 유닉스 시간은 1549943067입니다.

머클 루트(Merkle root)는 데이터 필드의 요약입니다. 다음 그림은 머클 트리(Merkle tree) 구조를 도식화한 것입니다. 리프(leaf) 노드는 데이터에 해당합니다. 상위 노드는 자식 노드들의 해시값입니다. 가령 'Hash 1234'는 'Hash 12'와 'Hash 34'를 입력으로 한 해시값이며, 각각은 'Hash 1'과 'Hash 2'를 입력으로, 'Hash 3'과 'Hash 4'를 입력으로 한 해시값입니다. 'Hash 1'은 'Data 1'의 해시값입니다.

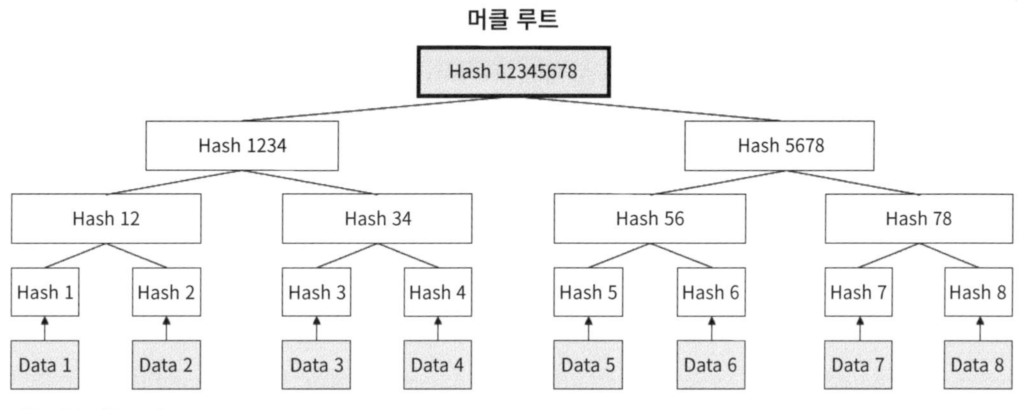

그림 1.30 머클 트리

머클 트리의 루트(root) 노드를 특별히 머클 루트라 칭합니다. 검증자는 머클 루트만 알면 모든 데이터의 유효성을 검증할 수 있습니다. 일부 데이터가 위변조되면 이를 자식으로 포함하는 트리 경로의 값이 모두 변하므로 종국적으로 머클 루트의 값이 달라집니다. 따라서 머클 루트는 모든 데이터의 요약으로 취급할 수 있습니다.

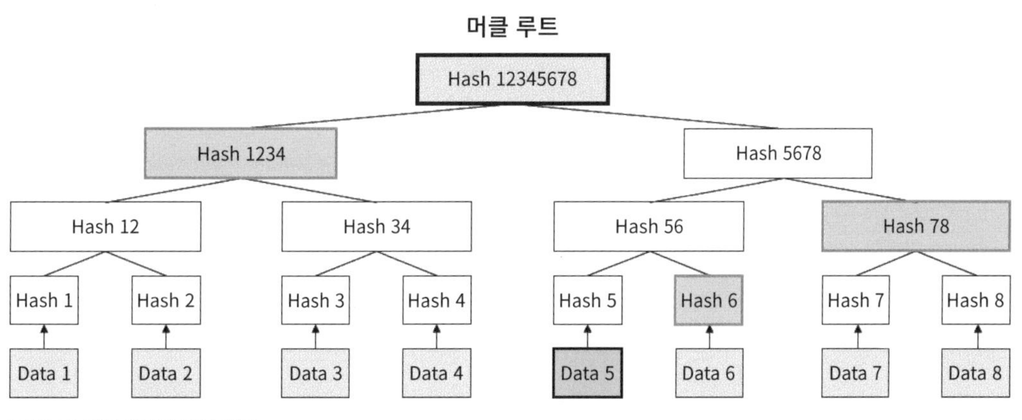

그림 1.31 머클 증명과 머클 경로

머클 증명(Merkle Proof)을 통해 단 3개의 해시값과 머클 루트만을 가지고 'Data 5'가 블록 내에 포함됐음을 보일 수 있습니다. 'Data 5'를 입력으로 한 해시값 'Hash 5'를 구합니다. 이어 'Hash 5'와 'Hash 6'을 입력으로 한 해시값 'Hash 56'을 구합니다. 마찬가지로 'Hash 56'과 'Hash 78'로부터 'Hash 5678'을, 'Hash 1234'와 'Hash 5678'로부터 'Hash 12345678'을 구합니다. 만일 'Hash 12345678'과 주어진 머클 루트의 값이 다르면 'Data 5'는 블록에 포함되지 않았으며 위변조가 있었음을 짐작할 수 있습니다. 'Data 5'에 대한 검증을 위해 사용되는 해시값들을 특별히 머클 경로(Merkle Path)라 칭합니다.

데이터 필드에는 거래만이 아니라 어떠한 데이터도 담을 수 있습니다. 가령 텍스트, 이미지, 심지어 동영상을 블록체인상에 기록할 수 있습니다. 현재 구현에 따르자면 데이터는 원본이든 인코딩(encoding)됐든 아무 상관이 없습니다. 프로토콜 설계에 따라 여러 종류의 데이터를 동시에 다룰 수도 있습니다. 또한 한 블록에 하나 이상의 데이터를 담을 수 있으며, 아무 데이터도 담지 않을 수 있습니다.

앞에서 정의한 블록의 기본 구조를 자바스크립트 코드로 나타내면 다음과 같습니다.

**예제 1.15** 자바스크립트로 표현한 블록 구조

```
class BlockHeader {
    constructor(version, index, previousHash, timestamp, merkleRoot) {
        this.version = version;
        this.index = index;
        this.previousHash = previousHash;
        this.timestamp = timestamp;
        this.merkleRoot = merkleRoot;
    }
}

class Block {
    constructor(header, data) {
        this.header = header;
        this.data = data;
    }
}
```

블록체인을 저장하는 방법은 다양합니다. 본 구현체에서는 블록체인을 인메모리(in-memory) 자바스크립트 배열에 저장합니다. 그러므로 프로그램을 종료하면 모든 정보가 사라집니다. 정보를 보존하고 싶다면 데이터베이스를 활용하는 편이 좋습니다.

예제 1.16 블록체인 저장

```
var blockchain = [];

function getBlockchain() { return blockchain; }
function getLatestBlock() { return blockchain[blockchain.length - 1]; }
```

블록은 순차적으로 배열에 저장되므로 배열의 마지막 원소는 가장 최신 블록에 해당합니다.

## 블록 해시

아직 본 구현체에서는 합의를 정의하지 않았습니다. 즉, 작업 증명(PoW, Proof-of-Work)과 같은 합의 과정이 없습니다. 따라서 블록 해시는 오직 무결성 검증과 다음 블록으로부터의 참조만을 담당합니다.

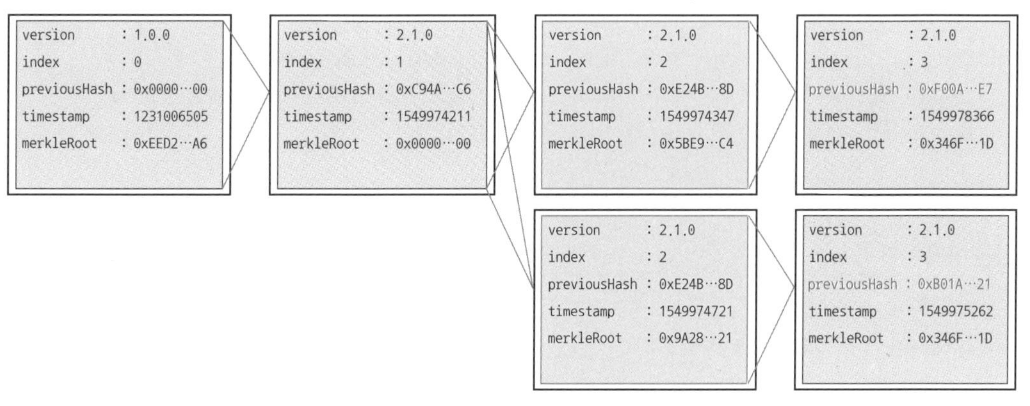


그림 1.32 같은 인덱스의 블록들

해시 함수에서는 입력의 한 비트만 바뀌더라도 해시값이 크게 변하므로 만일 블록 내부의 정보가 조금이라도 바뀐다면 본래의 해시값이 유효하지 않게 됩니다. 따라서 블록 해시는 블록의 유일한 식별자로 취급할 수 있습니다. 가령 인덱스가 동일한 블록은 동시에 두 개 이상 나타날 수 있으나 각 해시는 유일합니다.

이전 해시가 블록의 구성요소로 포함된 이상 블록을 임의로 위변조하기란 매우 힘든 일입니다. 어느 한 블록의 정보를 변경하면 이후 연결된 모든 블록의 해시값을 새로 계산해야 합니다. 더 낮은 인덱스의 블록을 수정하면 더 많은 블록의 해시를 계산해야 합니다. 이는 3장에서 다룰 블록체인의 합의에서 매우 중요한 특징입니다.

블록 해시는 다음과 같은 코드로 계산할 수 있습니다. crypto-js는 표준 암호화 알고리즘을 구현한 자바스크립트 라이브러리입니다.[32] 다음 명령으로 설치와 동시에 `package.json`에 의존성을 지정할 수 있습니다.

예제 1.17 crypto-js 라이브러리 설치

```
$ npm install crypto-js --save
```

예제에서는 SHA-256 함수를 사용했습니다. SHA-1는 해시 충돌(collision)이 발견됐기에 사용하지 않아야 합니다.[33] SHA-2을 사용하거나, 장기적인 관점에서는 SHA-3을 사용하길 권장합니다.

예제 1.18 블록 해시 계산

```
const CryptoJS = require("crypto-js");

function calculateHash(version, index, previousHash, timestamp, merkleRoot) {
    return CryptoJS.SHA256(version + index + previousHash + timestamp + merkleRoot).toString().
toUpperCase();
}
```

이를 응용하면 블록을 인자로 받아 블록 해시를 계산할 수도 있습니다.

예제 1.19 블록을 인자로 하는 블록 해시 계산

```
function calculateHashForBlock(block) {
    return calculateHash(
        block.header.version,
        block.header.index,
        block.header.previousHash,
        block.header.timestamp,
        block.header.merkleRoot
    );
}
```

32 https://github.com/brix/crypto-js

33 Stevens M., Bursztein E., Karpman P., Albertini A., Markov Y., "The First Collision for Full SHA-1", Advances in Cryptology - CRYPTO 2017, Jul 2017

### 제네시스 블록

제네시스 블록(genesis block)은 블록체인의 첫 번째 블록입니다. 달리 말하자면 인덱스가 0인 블록입니다. 제네시스 블록은 유일하게 이전 해시가 참조하는 블록이 없으므로 해당 필드의 값을 0x0000…00으로 둡니다.

블록체인 네트워크 참여자들은 공통된 제네시스 블록을 참조해야 합니다. 따라서 제네시스 블록은 프로토콜상에 하드코딩돼 있습니다.

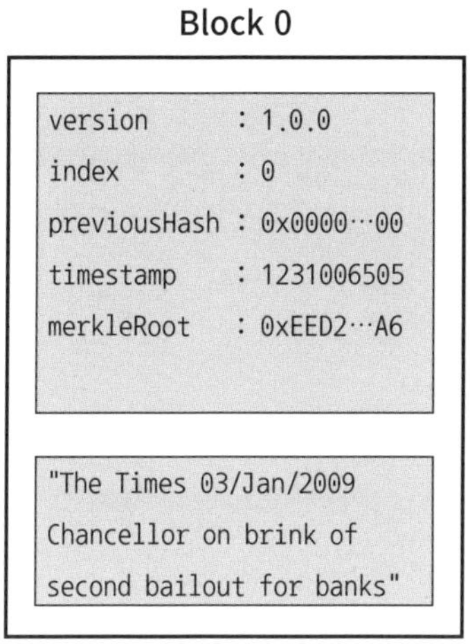

Block 0

```
version      : 1.0.0
index        : 0
previousHash : 0x0000…00
timestamp    : 1231006505
merkleRoot   : 0xEED2…A6

"The Times 03/Jan/2009
Chancellor on brink of
second bailout for banks"
```

그림 1.33 제네시스 블록의 구조

다음은 제네시스 블록의 구현입니다. 일부 필드의 값은 비트코인의 제네시스 블록을 참고했습니다.[34] 머클 트리와 머클 루트 계산을 위한 merkle 라이브러리를 사용합니다.[35]

예제 1.20 merkle 라이브러리 설치

```
$ npm install merkle --save
```

예제 1.21 제네시스 블록

```
const merkle = require("merkle");

function getGenesisBlock() {
```

34 https://www.blockchain.com/ko/btc/block/000000000019d6689c085ae165831e934ff763ae46a2a6c172b3f1b60a8ce26f

35 https://github.com/c-geek/merkle

```
    const version = "1.0.0";
    const index = 0;
    const previousHash = '0'.repeat(64);
    const timestamp = 1231006505; // 01/03/2009 @ 6:15pm (UTC)
    const data = ["The Times 03/Jan/2009 Chancellor on brink of second bailout for banks"];

    const merkleTree = merkle("sha256").sync(data);
    const merkleRoot = merkleTree.root() || '0'.repeat(64);

    const header = new BlockHeader(version, index, previousHash, timestamp, merkleRoot);
    return new Block(header, data);
}
```

블록체인을 자바스크립트 배열에 저장한다는 점을 떠올리길 바랍니다. 다음과 같이 코드를 수정해서 제네시스 블록을 첫 번째 인자로 갖는 배열을 선언할 수 있습니다.

예제 1.22 수정된 블록체인 선언

```
var blockchain = [getGenesisBlock()];
```

## 블록 생성

블록을 생성하려면 우선 이전 블록의 해시값을 알아야 합니다. 또한 블록체인 코어의 버전 정보, 인덱스, 타임스탬프, 데이터로부터 계산된 머클 루트가 필요합니다. 이 가운데 블록 데이터는 사용자에게서 받는 항목이지만 나머지는 다음 코드로 생성됩니다.

예제 1.23 블록 생성

```
function generateNextBlock(blockData) {
    const previousBlock = getLatestBlock();
    const currentVersion = getCurrentVersion();
    const nextIndex = previousBlock.header.index + 1;
    const previousHash = calculateHashForBlock(previousBlock);
    const nextTimestamp = getCurrentTimestamp();

    const merkleTree = merkle("sha256").sync(blockData);
    const merkleRoot = merkleTree.root() || '0'.repeat(64);
```

```
    const newBlockHeader = new BlockHeader(currentVersion, nextIndex, previousHash, nextTimestamp,
merkleRoot);
    return new Block(newBlockHeader, blockData);
}

const fs = require("fs");

function getCurrentVersion() {
    const packageJson = fs.readFileSync("./package.json");
    const currentVersion = JSON.parse(packageJson).version;
    return currentVersion;
}

function getCurrentTimestamp() {
    return Math.round(new Date().getTime() / 1000);
}
```

만일 블록 데이터가 비어있다면 머클 루트는 0x0000…00으로 초기화됩니다.

## 블록 검증

블록체인은 신뢰를 부여하는 기술이므로 어느 시점에서든 블록과 블록체인의 무결성 검증이 가능해야 합니다. 특히 나중에 네트워크에 연결되어 다른 노드로부터 블록을 전파받았을 때 수용 여부를 판단하는 것이 매우 중요합니다.

블록이 유효하기 위해서는 다음과 같은 조건을 만족해야 합니다.

- 블록 구조가 유효해야 합니다.
- 현재 블록의 인덱스는 이전 블록의 인덱스보다 정확히 1만큼 더 커야 합니다.
- '이전 블록의 해시값'과 현재 블록의 '이전 해시'가 같아야 합니다.
- 데이터 필드로부터 계산한 머클 루트와 블록 헤더의 머클 루트가 동일해야 합니다.

이를 코드로 작성하면 다음과 같습니다.

예제 1.24 블록 검증

```
function isValidNewBlock(newBlock, previousBlock) {
    if (!isValidBlockStructure(newBlock)) {
        console.log('invalid block structure: %s', JSON.stringify(newBlock));
        return false;
    }
    else if (previousBlock.header.index + 1 !== newBlock.header.index) {
        console.log("Invalid index");
        return false;
    }
    else if (calculateHashForBlock(previousBlock) !== newBlock.header.previousHash) {
        console.log("Invalid previousHash");
        return false;
    }
    else if (
        (newBlock.data.length !== 0 && (merkle("sha256").sync(newBlock.data).root() !== newBlock.
header.merkleRoot))
        || (newBlock.data.length === 0 && ('0'.repeat(64) !== newBlock.header.merkleRoot))
    ) {
        console.log("Invalid merkleRoot");
        return false;
    }
    return true;
}
```

블록 구조의 유효성을 검증하는 코드는 다음과 같습니다.

예제 1.25 블록 구조의 유효성 검증

```
function isValidBlockStructure(block) {
    return typeof(block.header.version) === 'string'
        && typeof(block.header.index) === 'number'
        && typeof(block.header.previousHash) === 'string'
        && typeof(block.header.timestamp) === 'number'
        && typeof(block.header.merkleRoot) === 'string'
        && typeof(block.data) === 'object';
}
```

현재 구현한 블록체인은 단순히 블록의 선형적 나열이므로, 블록 검증을 반복하는 것으로 블록체인을 검증할 수 있습니다. 또한 첫 번째 블록이 하드코딩된 제네시스 블록의 정의와 일치하는지 검사해야 합니다.

예제 1.26 블록체인 검증

```
function isValidChain(blockchainToValidate) {
    if (JSON.stringify(blockchainToValidate[0]) !== JSON.stringify(getGenesisBlock())) {
        return false;
    }
    var tempBlocks = [blockchainToValidate[0]];
    for (var i = 1; i < blockchainToValidate.length; i++) {
        if (isValidNewBlock(blockchainToValidate[i], tempBlocks[i - 1])) {
            tempBlocks.push(blockchainToValidate[i]);
        }
        else { return false; }
    }
    return true;
}
```

생성한 블록 혹은 전파받은 블록이 유효하다면 원장을 업데이트합니다.

예제 1.27 블록 추가

```
function addBlock(newBlock) {
    if (isValidNewBlock(newBlock, getLatestBlock())) {
        blockchain.push(newBlock);
        return true;
    }
    return false;
}
```

# 05 정리

이번 장에서는 데이터를 중심으로 블록체인이 가지는 의의를 살펴봤습니다. 중앙화된 주체 없이 신뢰를 부여하고 데이터의 위변조가 사실상 불가능한 기술인 블록체인은 물류/유통, 지불, 투표 등 많은 서비스의 기반이 되고 있습니다.

또한 블록체인을 "신뢰를 부여하는 분산 데이터 저장 기술"로 정의했습니다. 신뢰는 수학적인 방법, 사회심리학적인 방법, 혹은 복합적인 방법 등으로 부여됩니다. 본 정의에는 구조의 명세가 없으므로 원장은 연결 리스트, 트리, 유향 비순환 그래프 등 다양한 구조로 구성할 수 있습니다.

블록체인은 종래의 네트워크가 풀지 못했던 여러 문제를 해결했습니다. 그러나 51% 공격, 중앙화 문제, 확장성 문제, 저장 용량 문제, 오라클 문제 등으로 인해 만능 기술이 될 수는 없습니다. 이들을 해결하기 위한 블록체인의 구조 및 합의 알고리즘의 연구가 지속되고 있습니다.

실습에서는 블록 및 블록체인의 구조를 정의하고 블록 생성과 검증 등의 최소 기능을 갖춘 블록체인을 구현했습니다. 단, 이 단계에서는 아직 통신 기능을 갖추지 못해 네트워크를 형성할 수 없습니다.

이번 장에 등장한 코드를 정리하면 다음과 같습니다. 이 코드는 원체인 저장소의 chapter-1 브랜치에서도 확인할 수 있습니다.[36]

예제 1.28 1장 코드 정리

```
// Chapter-1
"use strict";
const fs = require("fs");
const CryptoJS = require("crypto-js");
const merkle = require("merkle");

class BlockHeader {
    constructor(version, index, previousHash, timestamp, merkleRoot) {
        this.version = version;
        this.index = index;
        this.previousHash = previousHash;
        this.timestamp = timestamp;
        this.merkleRoot = merkleRoot;
```

36 https://github.com/twodude/onechain/blob/chapter-1/src/main.js

```
    }
}

class Block {
    constructor(header, data) {
        this.header = header;
        this.data = data;
    }
}

var blockchain = [getGenesisBlock()];

function getBlockchain() { return blockchain; }
function getLatestBlock() { return blockchain[blockchain.length - 1]; }

function getGenesisBlock() {
    const version = "1.0.0";
    const index = 0;
    const previousHash = '0'.repeat(64);
    const timestamp = 1231006505; // 01/03/2009 @ 6:15pm (UTC)
    const data = ["The Times 03/Jan/2009 Chancellor on brink of second bailout for banks"];

    const merkleTree = merkle("sha256").sync(data);
    const merkleRoot = merkleTree.root() || '0'.repeat(64);

    const header = new BlockHeader(version, index, previousHash, timestamp, merkleRoot);
    return new Block(header, data);
}

function generateNextBlock(blockData) {
    const previousBlock = getLatestBlock();
    const currentVersion = getCurrentVersion();
    const nextIndex = previousBlock.header.index + 1;
    const previousHash = calculateHashForBlock(previousBlock);
    const nextTimestamp = getCurrentTimestamp();

    const merkleTree = merkle("sha256").sync(blockData);
    const merkleRoot = merkleTree.root() || '0'.repeat(64);
```

```
    const newBlockHeader = new BlockHeader(currentVersion, nextIndex, previousHash, nextTimestamp,
merkleRoot);
    return new Block(newBlockHeader, blockData);
}

function getCurrentVersion() {
    const packageJson = fs.readFileSync("./package.json");
    const currentVersion = JSON.parse(packageJson).version;
    return currentVersion;
}

function getCurrentTimestamp() {
    return Math.round(new Date().getTime() / 1000);
}

function addBlock(newBlock) {
    if (isValidNewBlock(newBlock, getLatestBlock())) {
        blockchain.push(newBlock);
        return true;
    }
    return false;
}

function calculateHash(version, index, previousHash, timestamp, merkleRoot) {
    return CryptoJS.SHA256(version + index + previousHash + timestamp + merkleRoot).toString().
toUpperCase();
}

function calculateHashForBlock(block) {
    return calculateHash(
        block.header.version,
        block.header.index,
        block.header.previousHash,
        block.header.timestamp,
        block.header.merkleRoot
    );
}

function isValidNewBlock(newBlock, previousBlock) {
```

```
    if (!isValidBlockStructure(newBlock)) {
        console.log('invalid block structure: %s', JSON.stringify(newBlock));
        return false;
    }
    else if (previousBlock.header.index + 1 !== newBlock.header.index) {
        console.log("Invalid index");
        return false;
    }
    else if (calculateHashForBlock(previousBlock) !== newBlock.header.previousHash) {
        console.log("Invalid previousHash");
        return false;
    }
    else if (
        (newBlock.data.length !== 0 && (merkle("sha256").sync(newBlock.data).root() !== newBlock.
header.merkleRoot))
        || (newBlock.data.length === 0 && ('0'.repeat(64) !== newBlock.header.merkleRoot))
    ) {
        console.log("Invalid merkleRoot");
        return false;
    }
    return true;
}

function isValidBlockStructure(block) {
    return typeof(block.header.version) === 'string'
        && typeof(block.header.index) === 'number'
        && typeof(block.header.previousHash) === 'string'
        && typeof(block.header.timestamp) === 'number'
        && typeof(block.header.merkleRoot) === 'string'
        && typeof(block.data) === 'object';
}

function isValidChain(blockchainToValidate) {
    if (JSON.stringify(blockchainToValidate[0]) !== JSON.stringify(getGenesisBlock())) {
        return false;
    }
    var tempBlocks = [blockchainToValidate[0]];
    for (var i = 1; i < blockchainToValidate.length; i++) {
        if (isValidNewBlock(blockchainToValidate[i], tempBlocks[i - 1])) {
```

```
            tempBlocks.push(blockchainToValidate[i]);
        }
        else { return false; }
    }
    return true;
}
```

CHAPTER

02

# 네트워크

인터넷은 TCP/IP 통신 프로토콜을 기반으로 한 범세계적인 컴퓨터 네트워크입니다. 다른 관점에서 인터넷은 응용프로그램(앱, 애플리케이션)에 통신 서비스를 제공하는 인프라이기도 합니다. 이들 앱은 종단 시스템(end system)에서 수행되며, 데이터 교환이 인터넷상에서 이뤄집니다. 인터넷을 통해 종단 시스템 간의 통신 기능을 쉽게 제공할 수 있습니다.

이더리움 이후의 블록체인 역시 범세계적인 컴퓨터 네트워크이며 분산앱(DApp, Decentralized Application)을 보조하는 인프라로 볼 수 있습니다. 그러나 블록체인의 역할은 단순한 통신 기능에 그치지 않습니다. 블록체인은 단순한 통신 프로토콜 이상의 역할을 수행합니다.[1]

네트워크는 흔히 계층 구조를 가지는 스택(stack)으로 표현됩니다. 각 계층은 그 계층에서의 역할을 수행하거나 하위 계층의 서비스를 이용합니다. 계층 구조로부터 복잡한 시스템을 단순화할 수 있으며 시스템을 더욱 쉽게 이해할 수 있습니다. 네트워크를 응용 계층과 프로토콜 계층으로 크게 양분하겠습니다.

1 프로토콜(protocol)이란 일종의 약속입니다. 특히 통신 프로토콜은 '둘 이상의 통신 객체가 메시지를 주고받기 위해 정의하는 규정'을 말합니다. 프로토콜은 메시지의 형식을 정의할뿐만 아니라 이를 송수신하기 위한 일련의 절차까지 포괄합니다.

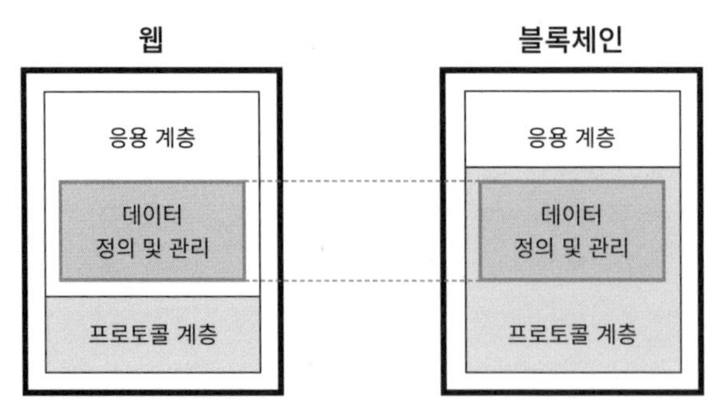


그림 2.1 블록체인의 두꺼운 프로토콜

이전에는 데이터에 대한 정의 및 관리가 응용 계층에서 이뤄졌습니다. 데이터는 서버에 저장됐으며, 서버 관리자 혹은 서비스 제공자가 데이터에 대한 절대적인 권한을 행사할 수 있었습니다.

그러나 블록체인에서는 본래 앱이 가졌던 데이터 및 관리 권한이 프로토콜로 옮겨져 두께가 역전됐습니다. 분산 원장이라는 공유 데이터 계층이 생김에 따라 데이터에 대한 정의 및 관리가 프로토콜의 영역으로 통합된 것입니다. 이러한 이유로 블록체인은 '두꺼운 프로토콜'이라 불립니다.[2] 데이터는 블록이라는 단위로 원장을 형성해서 모든 네트워크 참여자에게 복제됩니다. 또한 데이터 권한을 위한 키(key)를 사용자 스스로가 보관합니다.

같은 프로토콜을 기반으로 하는 분산앱은 서로 데이터를 공유할 수 있습니다. 반면 서로 다른 프로토콜을 기반으로 한 분산앱끼리는 직접적인 호환이 불가합니다. 즉, 고유한 블록체인 코어를 만드는 것은 곧 프로토콜을 잘 설계하는 것과 같습니다.

## 01 인터넷 프로토콜 스택

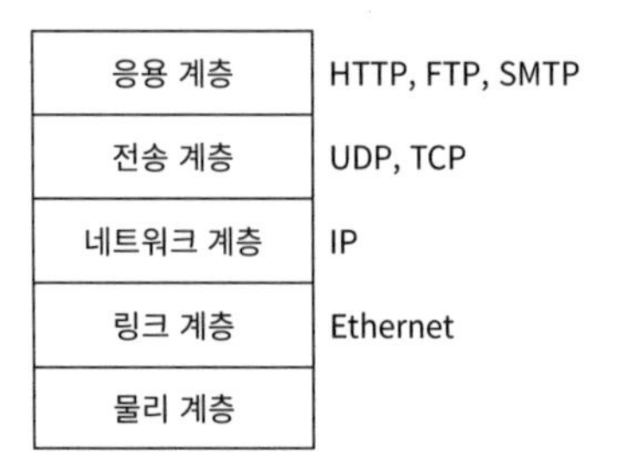


그림 2.2 인터넷 프로토콜 스택

2 Joel Monegro, "Fat Protocols", Union Square Ventures, Aug 2016

이번 장에서는 인터넷을 통해 네트워크의 전반적인 구조를 학습합니다. TCP/IP 혹은 인터넷 프로토콜 스택이라 하는 위와 같은 구조는 다양한 계층—응용, 전송, 네트워크, 링크, 물리 계층—을 통칭합니다. 각 계층에는 역할에 따른 저마다의 프로토콜이 존재합니다.

- 응용 계층에서는 앱에 주목합니다. 앱은 HTTP, FTP, SMTP 등 응용 계층 프로토콜을 사용해 다른 종단 시스템의 앱과 정보 패킷, 즉 메시지를 교환합니다.[3] 여기서 고려하는 사항은 오직 앱과 앱 사이에서 주고받을 메시지입니다. '어떻게'는 하위 계층에서 처리할 일입니다.
- 전송 계층에서는 두 종단 시스템의 연결을 상정합니다. 응용 계층의 메시지는 세그먼트로써 UDP, TCP 등 전송 계층 프로토콜로부터 타 종단 시스템에 전달됩니다.
- 네트워크 계층은 데이터그램을 출발지부터 목적지까지 보내는 경로를 결정하는 라우팅을 책임집니다.
- 링크 계층은 경로상의 한 노드에서 다른 노드로 프레임을 보내는 역할을 담당합니다.
- 물리 계층은 프레임의 각 비트(bit)를 한 노드에서 다른 노드로 보냅니다.

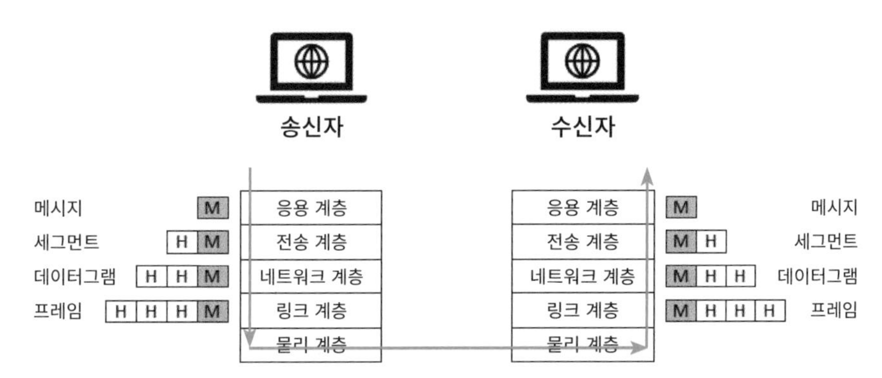


그림 2.3 종단 시스템과 패킷

송신자 측의 응용 계층 메시지는 전송 계층으로 이동하며 헤더(header) 정보가 더해집니다. 이 헤더 정보는 수신 측의 전송 계층에서 사용될 추가 정보입니다. 메시지와 전송 계층의 헤더 정보가 더해져 세그먼트를 구성합니다. 이러한 과정으로부터 전송 계층 세그먼트는 응용 계층 메시지를 캡슐화(encapsulation)합니다. 마찬가지로 전송 계층 세그먼트는 네트워크 계층의 헤더 정보가 더해져 데이터그램이 됩니다. 이어 링크 계층의 헤더 정보가 추가되며 프레임이 됩니다.

3 패킷(packet)은 네트워크에서 전달되는 데이터입니다. 응용 계층에서는 메시지(message), 전송 계층에서는 세그먼트(segment), 네트워크 계층에서는 데이터그램(datagram), 링크 계층에서는 프레임(frame)이라고 합니다.

결국 각 계층에서의 패킷은 헤더 필드와 페이로드 필드(payload field)로 구성됩니다. 통신에서 페이로드는 패킷의 데이터에 해당하며, 여기서는 상위 계층으로부터 전달된 패킷을 말합니다. 패킷이 수신 측에 도착하면 캡슐화의 반대 과정을 거쳐 본래의 메시지를 얻습니다.

실제 네트워크에서의 캡슐화는 더욱 복잡한 과정을 거칩니다. 크기가 큰 메시지는 여러 개의 세그먼트로 나뉘어 각각 캡슐화될 수 있습니다. 세그먼트 역시 여러 개의 데이터그램으로 나뉠 수 있습니다. 이러한 경우 수신 측에서는 여러 조각을 모아 본래의 정보를 재구축합니다.

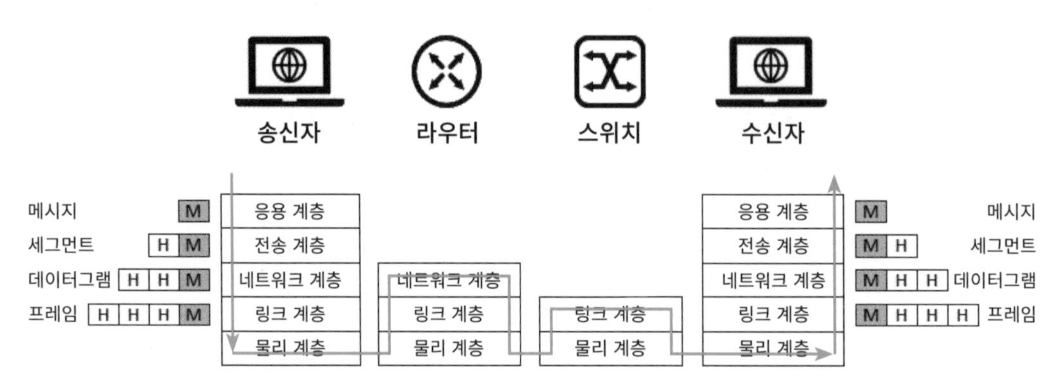


그림 2.4 네트워크 중심부와 패킷

라우터(router)나 스위치(switch) 같은 네트워크 중심부의 기기에는 모든 계층이 구현돼 있지 않습니다. 이들은 3계층 혹은 2계층으로 구현돼 있으며, 해당하는 계층의 헤더 정보까지만 읽을 수 있습니다.

# 02 응용 계층

앱에서 통신을 필요로 하기 때문에 네트워크 프로토콜이 연구됐고, 앱이 있기에 인터넷 혹은 컴퓨터 네트워크가 존재할 의의가 있습니다. 그러나 분산앱과 블록체인 코어의 관계는 그렇지 않습니다. 분산앱이 없어도 블록체인 코어 그 자체로 가치가 있습니다. 가령 비트코인은 분산앱을 보조하는 인프라보다는 재화로서 가치를 지닙니다.

그럼에도 응용 계층은 매우 중요합니다. 앞으로 살펴볼 응용 계층 프로토콜이나 P2P 구조 등은 블록체인 코어를 구현할 때 필수적인 영감을 줄 것입니다. 본래 앱이 가졌던 데이터 및 관리 권한이 사라진 것이 아니라 프로토콜로 옮겨온 것이기 때문입니다.

## 클라이언트-서버 구조와 P2P 구조

프로토콜 스택의 훌륭한 모듈화 덕분에 네트워크 앱을 개발할 때는 종단 시스템에서의 구동만 고려하면 됩니다. 애초에 네트워크 중심부의 라우터 및 스위치에는 응용 계층이 존재하지 않습니다. 고려사항은 오직 앱과 앱 사이에서 주고받을 메시지이며, '어떻게'는 하위 계층에서 처리할 일입니다.

앱 개발자는 우선 구현하고자 하는 서비스에 가장 적합한 구조를 선택해야 합니다. 가장 대표적인 구조는 클라이언트-서버(client-server) 구조와 P2P(Peer-to-Peer) 구조입니다.

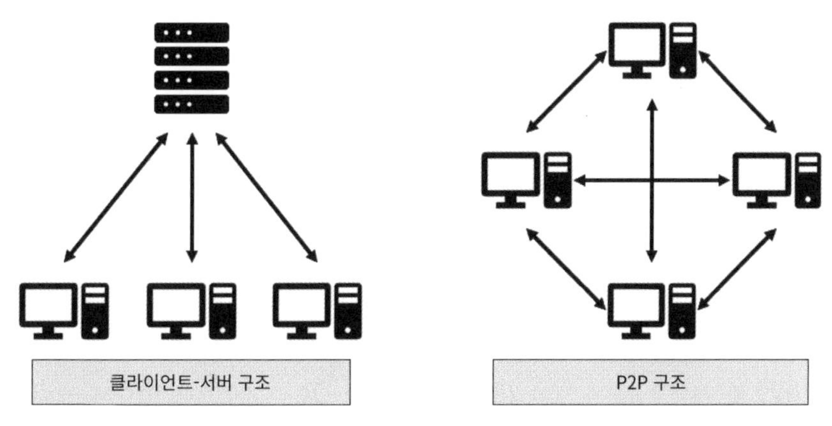


그림 2.5 클라이언트-서버 구조와 P2P 구조

클라이언트-서버 구조는 요청자인 클라이언트와 제공자인 서버로 구성돼 중앙화된 특성을 띱니다. 클라이언트끼리 직접 통신하는 경우는 없습니다. 반드시 서버라는 주체를 거쳐야만 메시지를 주고받을 수 있습니다. 반면 P2P 구조는 피어(peer)라고 하는 네트워크 참여자끼리 직접 통신하므로 탈중앙적 특성을 띱니다. 중앙 서버에 대한 의존도가 매우 낮거나 없는 상황입니다. 누구나 서버가 될 수 있고 동시에 클라이언트도 될 수 있습니다.

P2P 구조는 외부 공격에 내구성이 있다는 특징이 있습니다. 서버가 공격당하면 무력해지는 클라이언트-서버 구조와는 달리 피어가 하나라도 살아있다면 계속해서 구동할 수 있습니다. 확장성도 특징입니다. 피어는 간헐적인 연결을 상정하므로 네트워크를 구성하는 피어의 개수는 달라질 수 있습니다. 참여 피어가 많을수록 네트워크 성능이 함께 증가합니다. 달리 말하자면 P2P 구조는 성능 확장 측면에서 비용 효율적입니다.

그러나 P2P 구조는 구현 난이도가 높고 관리 및 유지보수가 어렵습니다. 서버에 대한 무조건적인 신뢰를 바탕으로 하는 클라이언트-서버 구조와는 달리, P2P 구조에서는 신뢰 대상자를 선정하기가 쉽지 않습니다. 언제든지 악의적인 피어가 나타나 공격을 시도할 수 있기 때문입니다.

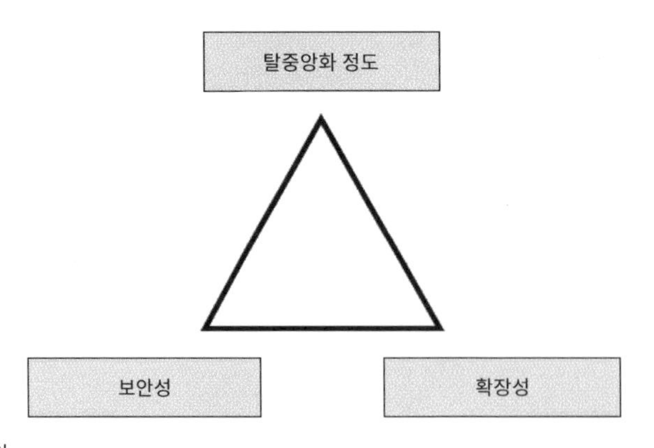


그림 2.6 블록체인 트릴레마

블록체인은 이러한 신뢰가 없는 P2P 구조에 신뢰를 부여하는 기술입니다.[4] 수학적인 기법과 암호학적 기법을 활용해 서로 신뢰할 수 있는 정보 교환 및 공동의 합의를 형성합니다.

그러나 블록체인이 P2P의 상위호환격 기술은 아닙니다. 블록체인에는 탈중앙화 정도, 확장성, 보안성의 트릴레마(세 가지 딜레마)가 얽혀 있어 탈중앙화 정도를 훼손하지 않으면서 성능을 확보하기가 매우 어렵습니다. 애초에 블록체인은 블록 생성 시간을 조절하는 자가 제한 시스템(self-regulating system)입니다.[5] 참여하는 피어가 많아지더라도 네트워크 성능은 증가하지 않으며, 오히려 난이도가 증가하므로 비용 효율적이지 못합니다.

## 응용 계층 프로토콜

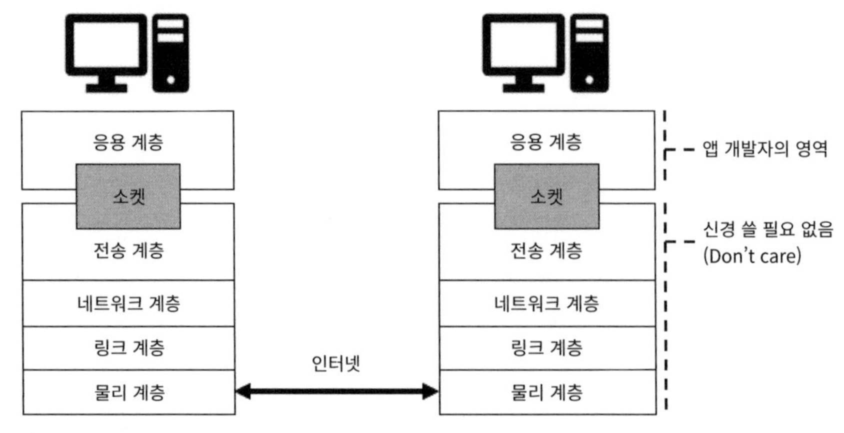


그림 2.7 소켓

4 The Economist Group, "The trust machine", The Economist, Oct 2015

5 Croman K. et al., "On Scaling Decentralized Blockchains", FC 2016: Financial Cryptography and Data Security, pp.106–125, Aug 2016

소켓(socket)은 앱과 네트워크가 메시지를 주고받는 창구입니다. 송신자가 메시지를 소켓으로 보내면 네트워크상에서 어떠한 전송 메커니즘을 통해 수신자를 향하고, 소켓을 거쳐 수신자에게 도착합니다. 수신자는 메시지를 소켓에 보내기만 하고, 송신자는 메시지를 소켓에서 받기만 하면 됩니다. 그 뒤편에 놓인 전송 메커니즘은 신경 쓰지 않아도 됩니다. 즉, 소켓은 응용 계층과 전송 계층 사이의 인터페이스입니다. 혹은 앱과 네트워크 사이의 API(Application Programming Interface)입니다.

소켓 덕분에 앱 개발자는 좀 더 메시지에 집중할 수 있습니다. 메시지는 응용 계층 프로토콜의 구현체입니다. 응용 계층 프로토콜은 메시지의 형식과 이를 송수신하기 위한 방법을 정의합니다.

오늘날 인터넷상에는 수많은 응용 계층 프로토콜이 있습니다. 그중에는 RFC에 명시된 개방형 응용 계층 프로토콜도 있지만 그렇지 않은 비개방형 응용 계층 프로토콜도 있습니다.[6] 가령 HTTP는 RFC에 정의돼 있으므로 이를 준수하는 모든 브라우저와 호환 가능합니다. 그러나 다른 여러 서비스는 제공자 독점적인 비개방형 응용 계층 프로토콜입니다.

### HTTP

웹은 오늘날 가장 널리 사용되는 네트워크 앱입니다. 웹의 응용 계층 프로토콜인 HTTP(HyperText Transfer Protocol)는 클라이언트와 서버 사이에서 메시지를 주고받는 규칙 및 메시지 그 자체를 정의합니다. 가령 클라이언트가 서버에게 웹 페이지를 요청하면 서버는 이에 응답해서 클라이언트에게 웹 페이지를 전송합니다.

우리가 흔히 접하는 인터넷 주소(URL, Uniform Resource Locator)의 시작 부분인 'http://'가 바로 HTTP를 활용한다는 의미입니다. URL은 곧 '자원의 위치'인데, 이는 컴퓨터 네트워크에서 자원이 어디에 있는지를 알려주기 위한 규약입니다. 그 자원에 접근하려면 해당 URL과 프로토콜을 알아야 합니다. 가령 HTTP인 경우에는 웹 브라우저를, FTP(File Transfer Protocol)인 경우에는 FTP 클라이언트를 통해 URL에 접속해야 합니다.

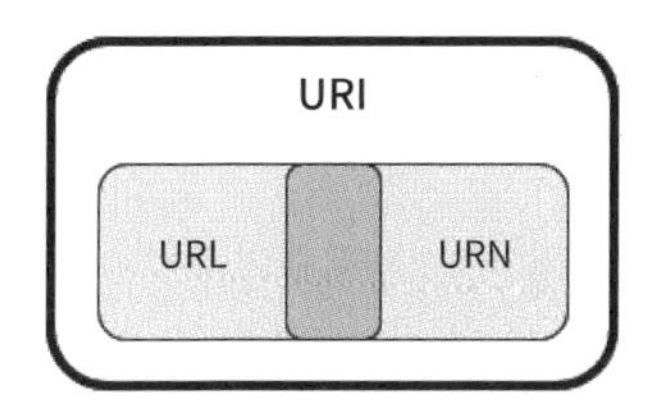


**그림 2.8** URL, URN, URI의 관계

6 RFC(Request for Comments)는 인터넷에 대한 연구, 조사, 제안 등을 표현하는 문서입니다. 특히 네트워크 프로토콜을 제시하기 위한 주요 수단 중 하나입니다. 모든 RFC가 인터넷 표준이 되지는 않지만 일부 RFC는 표준으로 받아들여집니다.

요즘은 URL의 상위 개념인 URI(Uniform Resource Identifier)라는 용어를 주로 사용합니다. URI는 URL과 URN(Uniform Resource Name)을 포괄하는 개념입니다. URN은 자원의 위치와는 상관없는 유일무이한 '자원의 이름'입니다. URI는 '자원 식별자'로서 단순히 자원의 위치만을 알려주는 것이 아니라 원하는 정보에 도달하기 위한 기타 식별자까지 포함합니다. 가령 https://www.google.co.kr/search는 호스트(서버) 및 자원의 위치를 나타내는 URL이지만 https://www.google.co.kr/search?q=something은 원하는 정보를 얻기 위한 식별자인 'q=something'이 필요하므로 URI입니다.

RFC 2616에 따르면 HTTP에는 요청과 응답이라는 두 가지 메시지 포맷이 있습니다.

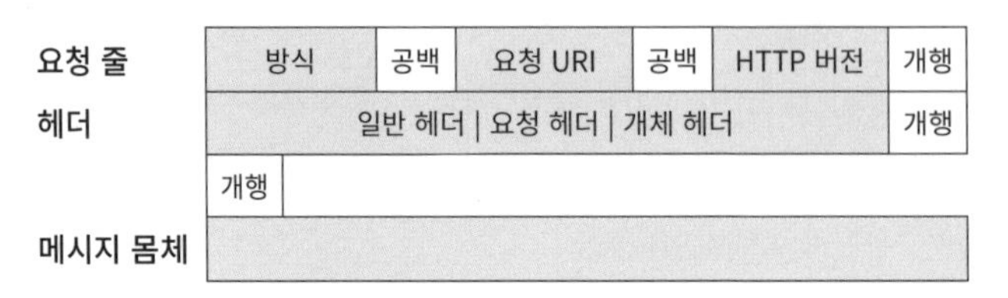


그림 2.9 HTTP 요청 메시지

HTTP 요청 메시지는 요청 줄(request-line)과 헤더, 이후의 개행(Carriage Return, CR & Line Feed, LF), 그리고 메시지 몸체(message-body)로 구성됩니다.

요청 줄은 공백(space, sp)으로 구분된 방식(method), URI, HTTP 버전 항목으로 구성됩니다. 방식으로는 'GET', 'POST' 등이 올 수 있으며, URI로부터 식별되는 자원에 가할 행위를 지시합니다. 헤더 줄에는 요청에 대한 추가 정보나 클라이언트 자기 자신에 대한 정보 등이 포함됩니다. 메시지 몸체에는 보내고자 하는 데이터가 포함됩니다. 그러나 GET 방식처럼 메시지 몸체 부분이 비어 있을 수도 있습니다.

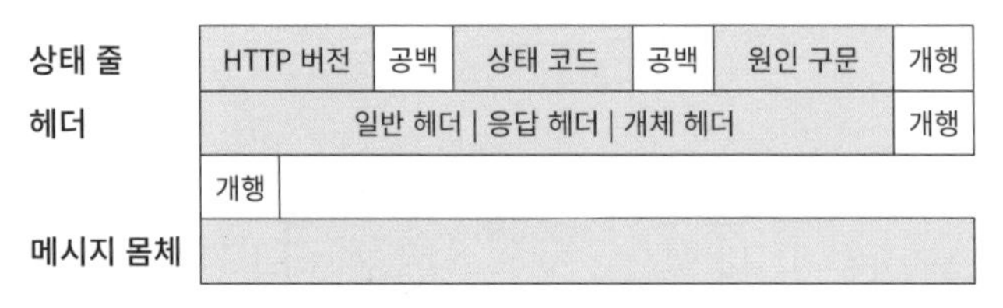


그림 2.10 HTTP 응답 메시지

HTTP 응답 메시지는 위와 같은 구조를 띱니다. 상태(status) 줄은 HTTP 버전과 상태 코드(status code), 원인 구문(reason phrase)으로 구성됩니다. 상태 코드는 요청의 성공 여부를 나타내고, 원인 구문은 상태 코드에 대한 간단한 설명을 포함합니다.

상태 코드는 총 세 자리 숫자로 구성됩니다. 첫 번째 숫자는 응답의 종류를, 다음의 두 숫자는 상세한 이유를 의미합니다. 다음은 몇 가지 대표적인 상태 코드와 원인 구문입니다. 자세한 내용은 RFC 2616의 '6.1.1 Status Code and Reason Phrase' 절을 참고합니다.

- 200: OK
- 404: Not Found
- 502: Bad Gateway

## P2P 파일 전송

HTTP가 요청-응답 프로토콜로서 클라이언트-서버 구조를 기반으로 한다면 비트토렌트(BitTorrent) 등 일부 유명한 프로토콜들은 P2P 구조를 기반으로 합니다.

특정 파일을 나머지 네트워크 참여자들에게 분배하는 경우를 가정해봅시다. 분배 시간은 모든 네트워크 참여자가 파일을 얻는 데 소요되는 시간입니다. 분배 시간을 비교함으로써 클라이언트-서버 구조와 P2P 구조가 가지는 차이점이 극명히 드러날 것입니다.

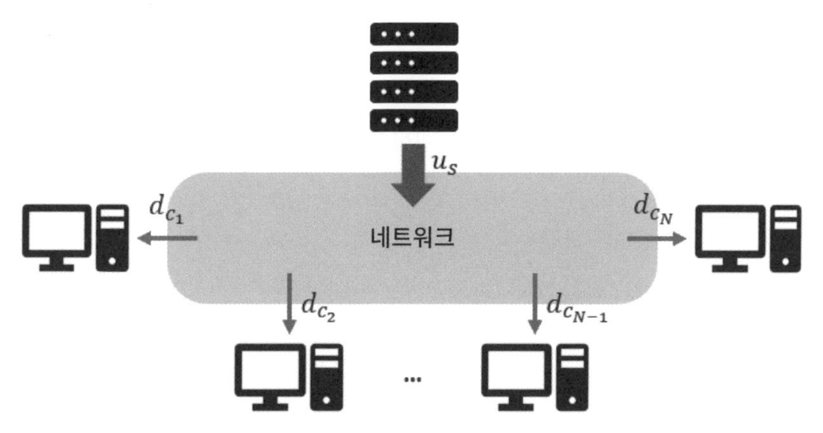


**그림 2.11** 클라이언트-서버 구조에서의 파일 분배

클라이언트-서버 구조에서는 오직 서버만 파일을 분배합니다. 따라서 $N$개의 클라이언트 각자에게 크기 $F$의 파일을 전송해야 하며, 서버의 업로드 속도가 $u_s$일 때의 분배 시간은 $NF/u_s$입니다. 한편 클라이언트의 다운로드 속도가 $d_{c1}, d_{c2}, \cdots, d_{cN}$일 때, 각자의 분배 시간은 $F/d_{c1}, F/d_{c2}, \cdots, F/d_{cN}$입니다. 따라서 클라이언트-서버 구조에서의 분배 시간은 다음과 같습니다.

$$T \geq \max\left\{\frac{NF}{u_s}, \frac{F}{d_{c_1}}, \frac{F}{d_{c_2}}, \cdots, \frac{F}{d_{c_N}}\right\}$$

$N$이 충분히 크다면, 즉 네트워크의 규모가 어느 정도 된다면 분배 시간 $T$의 하한값은 $NF/u_s$가 됩니다. 따라서 $N$이 증가함에 따라 분배 시간 역시 선형적으로 증가합니다. 가령 클라이언트 수가 10배 증가하면 분배 시간 역시 10배로 늘어납니다.

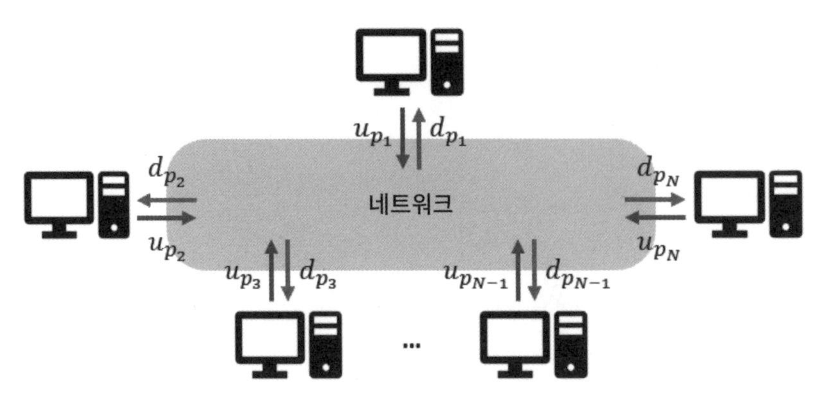


그림 2.12 P2P 구조에서의 파일 분배

반면 P2P 구조에서는 피어들이 파일 분배에 함께 참여합니다. 또한 누구나 서버가 될 수 있고 동시에 클라이언트도 될 수 있으므로 파일 일부를 다운로드함과 동시에 업로드할 수 있습니다. 네트워크 전체에서 분배해야 하는 파일 총량의 합은 $NF$, 피어의 업로드 속도는 각 $u_{p_1}, u_{p_2}, \cdots, u_{p_N}$이므로 이상적인 분배 시간은 $NF/(u_{p_1} + u_{p_2} + \cdots + u_{p_N}) = NF/\sum_{i=1}^{N} u_{p_i}$입니다. 한편 피어의 다운로드 속도가 $d_{p_1}, d_{p_2}, \cdots, d_{p_N}$일 때 각자의 분배 시간은 $F/d_{p_1}, F/d_{p_2}, \cdots, F/d_{p_N}$입니다. 따라서 P2P 구조에서의 분배 시간은 다음과 같습니다.

$$T \geq \max\left\{\frac{NF}{\sum_{i=1}^{N} u_{p_i}}, \frac{F}{d_{p_1}}, \frac{F}{d_{p_2}}, \cdots, \frac{F}{d_{p_N}}\right\}$$

파일을 네트워크에 최초로 분배하는 피어를 서버라 한다면, 서버를 고려한 분배 시간은 다음과 같습니다.

$$T \geq \max\left\{\frac{F}{u_s}, \frac{NF}{u_s + \sum_{i=1}^{N} u_{p_i}}, \frac{F}{d_{p_1}}, \frac{F}{d_{p_2}}, \cdots, \frac{F}{d_{p_N}}\right\}$$

$N$이 충분히 크다면 분배 시간 $T$의 하한값은 $NF/\left(u_s + \sum_{i=1}^{N} u_{pi}\right)$가 됩니다. P2P 구조에서는 분배 시간이 선형적으로 증가하지 않습니다. 다음은 $N$에 따른 클라이언트-서버 구조와 P2P 구조의 분배 시간 $T$의 하한값을 비교한 것입니다.

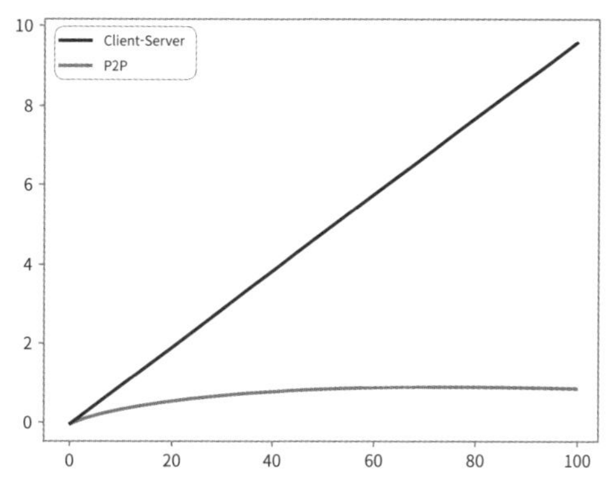


**그림 2.13** 클라이언트-서버 구조와 P2P 구조의 분배 시간 하한값의 비교

현재 비트코인의 원장 크기는 이미 200GB를 넘어섰습니다(2019년 4월 8일 기준). 만일 서버로부터 모든 원장을 다운로드해야 했다면 $N$이 증가함에 따라 분배 시간이 선형적으로 증가했을 것입니다. 다행히도 블록체인은 P2P 구조에 기반하므로 유의미하게 빠른 파일 분배 시간을 기대할 수 있습니다.

## 03 전송 계층

전송 계층은 소켓을 통해 받은 메시지를 전송합니다. 즉, 전송 계층은 하위 계층의 서비스를 이용해 앱에 통신 서비스를 제공합니다. 전송 계층과 본 계층의 프로토콜이 있기에 앱 개발자는 직접 통신 기능을 구현할 필요가 없습니다.

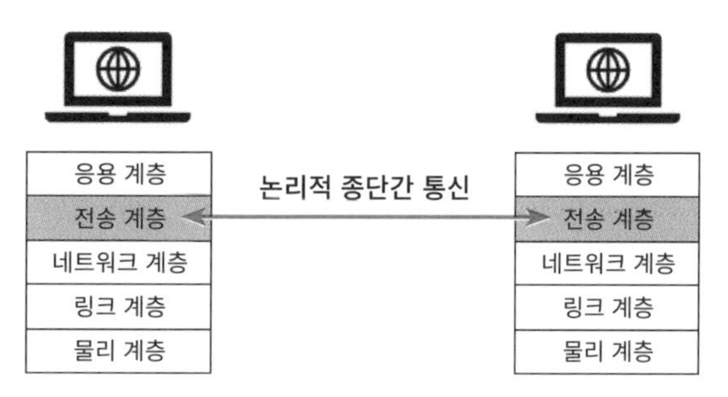


**그림 2.14** 논리적 종단 간 통신

앞으로 살펴볼 UDP, TCP 전송 계층 프로토콜은 인터넷 혹은 컴퓨터 네트워크의 핵심으로서 통신에 대한 거시적 관점을 제공할 것입니다. 달리 말하자면 전송 계층 프로토콜은 논리적 통신을 제공합니다. 실제로 두 종단 시스템이 얼마나 멀리 떨어져 있는지, 몇 홉을 거쳐야 하는지는 상관없습니다.[7] 응용 계층에서는 메시지만 고려하듯이 전송 계층에서는 논리적 통신만을 고려합니다. '어떻게'는 하위 계층에서 처리할 일입니다.

## 다중화와 역다중화

종단 시스템에서 구동되는 앱이 둘 이상인 상황을 가정해 봅시다. 가령 사용자는 HTTP 응용 계층 프로토콜을 사용하는 앱 2개, 비트토렌트 응용 계층 프로토콜을 사용하는 앱 1개를 동시에 구동할 수 있습니다. 이러한 상황에서 메시지의 송수신은 더욱 복잡해집니다. 수신한 패킷을 엉뚱한 앱에 전달해서는 안 됩니다.

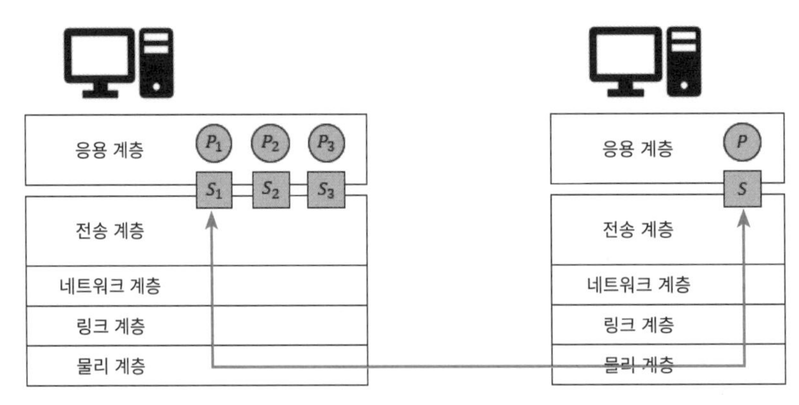


그림 2.15 다중화와 역다중화

응용 계층과 전송 계층 사이에는 '소켓'이라는 인터페이스가 있습니다. 엄밀하게 말하자면 전송 계층이 패킷을 전달하는 대상은 앱이 아니라 소켓입니다.

수신 측에서는 하나 이상의 앱이 구동 중일 수 있으며, 각각은 소켓과 그 식별자인 포트 번호(port number)로 식별됩니다. 사실 하나의 앱에서 소켓을 여러 개 사용할 수도 있습니다만 어찌 됐건 전송 계층에서의 세그먼트를 적절한 소켓으로 전달해야 합니다. 이를 역다중화(demultiplexing, demuxing)라고 합니다.

7 컴퓨터 네트워크에서 홉(hop)은 출발지에서 목적지까지의 경로 중 한 부분입니다. 패킷은 출발지에서부터 라우터, 스위치 등을 거치며 목적지로 향하는데, 이때 패킷이 다음 네트워크 장치로 이동할 때마다 홉이 하나 발생하는 것으로 봅니다.

반대로 송신 측에서 이뤄지는 작업, 즉 소켓으로부터 받은 데이터를 세그먼트로 캡슐화하고 네트워크 계층으로 보내는 작업을 다중화(multiplexing)라고 합니다. 다중화 과정에서 덧붙여지는 헤더 정보에는 송신 측의 포트 번호와 수신 측의 포트 번호가 포함됩니다. 이는 이후에 역다중화 과정에 활용됩니다.

따라서 모든 네트워크 앱에는 적절한 포트 번호가 할당돼야 합니다. 포트 번호는 16비트로 표현되는 부호 없는 정수(0~65,535)이며, 개중에는 잘 알려진 포트(well-known port)라 불리는 예약된 포트 번호도 있습니다.[8] 잘 알려진 포트 번호는 FTP(20, 21)나 DNS(53)와 같이 쓰임새가 할당돼 있긴 하나 강제된 것은 아닙니다. 가령 악성 프로그램의 경우 일부러 잘 알려진 포트 번호로 가장하기도 합니다.

## UDP

앞서 살펴본 다중화와 역다중화는 전송 계층 프로토콜이 제공해야 할 최소한의 기능입니다. 달리 말하자면 위의 두 기능만 제공된다면 전송 계층 프로토콜로서 훌륭히 동작합니다. 그러한 관점에서 UDP(User Datagram Protocol)는 거의 최소 기능의 전송 계층 프로토콜입니다. UDP는 다중화와 역다중화 기능과 더불어 아주 단순한 오류 검출 정정 기능인 체크섬(checksum)만을 제공합니다. 이러한 단순함에서 오는 강점은 UDP를 TCP와 차별화합니다.

이후에 살펴보겠지만 TCP는 데이터 전송에 앞서 연결 설정 과정을 거칩니다. 그러나 UDP는 비연결형으로 동작하기에 불필요하다고 여겨질 수 있는 지연이 없습니다. 또한 연결을 유지하기 위한 추가적인 비용 소모도 없습니다.

세그먼트를 구성하는 헤더의 용량도 현저히 적습니다. TCP 헤더 필드가 20바이트인 반면 UDP는 8바이트에 불과합니다. 작은 헤더는 곧 적은 오버헤드(overhead)를 의미합니다.[9] 따라서 실시간 혹은 그에 가까운 성능이 필요한 앱에서는 UDP가 유용합니다.

그러나 UDP에는 공평성 논란이 뒤따릅니다. UDP는 TCP와 달리 혼잡제어 서비스를 제공하지 않으므로 네트워크 전체의 성능 저하를 초래할 수 있습니다. 또한 UDP로 인해 혼잡해진 네트워크 상황에 맞춰 동일 네트워크의 TCP 송신자들은 송신을 억제하기 시작하므로 공평성에 상대적인 위해를 입을 수 있습니다. 따라서 전송 계층 프로토콜을 선택하기에 앞서 제공하고자 하는 서비스의 종류와 네트워크 상황에 대해 확실히 이해할 필요가 있습니다.

---

8 잘 알려진 포트는 인터넷 할당 번호 관리기관(IANA, Internet Assigned Numbers Authority)에서 확인할 수 있습니다. IANA에서는 잘 알려진 포트 외에도 최상위 도메인(TLD, Top-Level Domain)이나 IP 주소 등을 관리합니다.

9 오버헤드란 어떤 작업을 수행하는 데 드는 간접적인 비용(주로 시간, 메모리 등)을 말합니다.

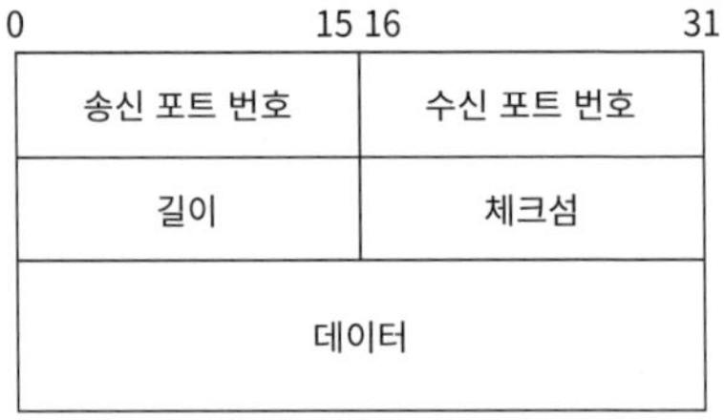

| 0 ~ 15 | 16 ~ 31 |
|---|---|
| 송신 포트 번호 | 수신 포트 번호 |
| 길이 | 체크섬 |
| 데이터 | |

그림 2.16 UDP 헤더

RFC 768에 정의된 UDP 세그먼트는 8바이트의 헤더와 응용 계층으로부터의 메시지로 구성됩니다. 헤더는 각 2바이트의 송신 포트 번호, 수신 포트 번호, 길이, 체크섬 항목이 전부입니다. 그중 송신 포트 번호 항목은 선택적으로 사용하며, 사용하지 않을 때는 0의 값으로 채웁니다. 길이 항목에는 헤더 필드와 페이로드 필드를 포함한 UDP 세그먼트의 총 길이가 기재됩니다.

## TCP

TCP(Transmission Control Protocol)는 다중화와 역다중화 기능과 더불어 신뢰성 있는 데이터 전송, 혼잡제어, 흐름제어 등의 기능을 제공합니다. 전송 계층 프로토콜에서 이러한 기능을 지원해주는 덕분에 앱은 유효한 전송을 기대하며 메시지를 송신할 수 있습니다.

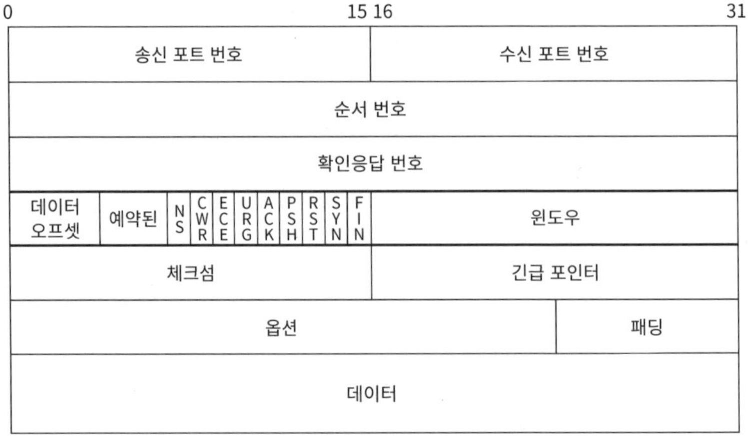

<table>
<tr><th colspan="11">0 ~ 15</th><th colspan="2">16 ~ 31</th></tr>
<tr><td colspan="11">송신 포트 번호</td><td colspan="2">수신 포트 번호</td></tr>
<tr><td colspan="13">순서 번호</td></tr>
<tr><td colspan="13">확인응답 번호</td></tr>
<tr><td>데이터 오프셋</td><td>예약된</td><td>NS</td><td>CWR</td><td>ECE</td><td>URG</td><td>ACK</td><td>PSH</td><td>RST</td><td>SYN</td><td>FIN</td><td colspan="2">윈도우</td></tr>
<tr><td colspan="11">체크섬</td><td colspan="2">긴급 포인터</td></tr>
<tr><td colspan="12">옵션</td><td>패딩</td></tr>
<tr><td colspan="13">데이터</td></tr>
</table>

그림 2.17 TCP 헤더

TCP는 다양한 기능을 제공하는 만큼 그 구조가 다소 복잡해서 헤더 필드가 최소 20바이트에서 최대 60바이트에 달합니다. 이는 UDP의 8바이트와 비교했을 때 상당한 오버헤드입니다.

헤더는 기본적으로 송신 포트 번호와 수신 포트 번호, 체크섬 항목을 포함합니다. 또한 신뢰성 있는 데이터 전송을 위해 각 4바이트의 순서 번호(sequence number)와 확인응답 번호(acknowledgment number) 항목을 포함합니다.

4비트의 데이터 오프셋(data offset) 항목은 헤더 필드의 길이를 32비트 워드(word) 단위로 나타냅니다. 데이터(페이로드)가 시작되는 위치를 의미하므로 오프셋이라는 명칭이 붙었습니다.

옵션(option) 항목은 TCP 기능의 확장을 위해 사용되며, 0비트에서 320비트까지 가변적인 크기를 가집니다.

패딩(padding) 항목은 헤더 필드의 길이를 32의 배수로 맞추기 위해 사용됩니다. 패딩이 적용되면 필요한 길이 만큼을 0으로 채웁니다.

한편 예약된(reserved) 항목은 미래에 사용될 것으로 예상돼 0으로 채워졌습니다. 이후 RFC 3168에 의해 두 개의 비트가 각각 CWR와 ECE 플래그(flag)로 사용됐고, 나아가 RFC 3540에 의해 추가적인 1비트가 NS 플래그로 사용됐습니다. 따라서 현재 예약된 항목은 3비트의 0으로 구성됩니다. RFC 793 당시 6비트로 구성됐던 플래그 항목은 이제 9비트로 확장됐습니다. 플래그 항목의 역할은 각 RFC를 참고합니다.

2바이트의 윈도우(window) 항목은 수신 윈도우의 크기를 나타냅니다. 즉, 본 세그먼트의 송신 측에서 수신하고자 하는 바이트의 크기입니다. 이는 이후에 살펴볼 흐름제어에서 활용됩니다.

2바이트의 긴급 포인터(urgent pointer) 항목은 긴급하게 처리해야 할 정보의 위치를 지시합니다. 일반 데이터에 포함된 긴급 정보를 즉각적으로 읽기 위해 필요합니다. 긴급 포인터 항목은 URG 플래그가 설정된 경우에만 유효합니다.

### 신뢰성 있는 데이터 전송

TCP 연결은 두 종단 시스템 간의 일대일(one-to-one) 혹은 점대점(point-to-point) 형태를 띠며, 양방향으로 동시에 데이터가 전송될 수 있는 전이중(full-duplex) 서비스를 제공합니다. 즉, 종단 시스템은 수신자 역할을 하면서 동시에 송신자가 될 수 있습니다.

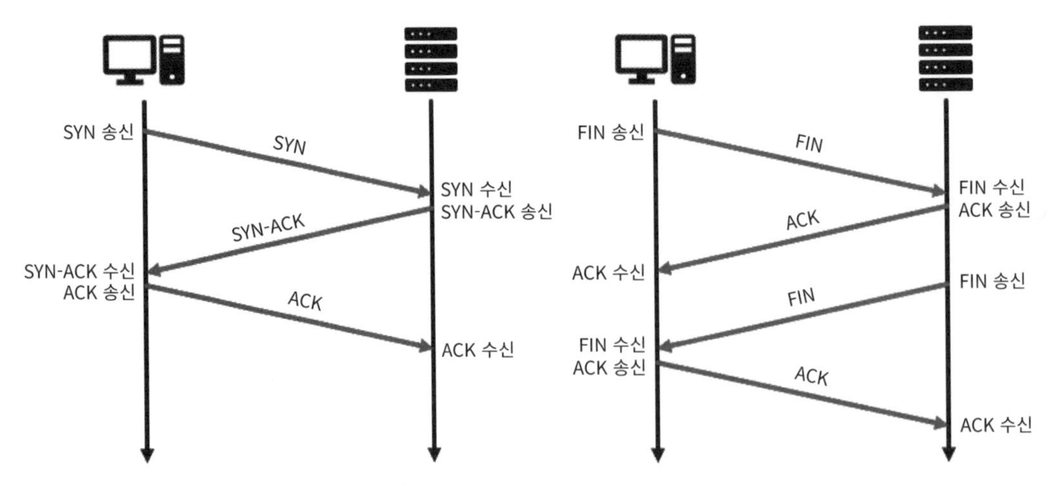


그림 2.18 세 방향 핸드셰이크와 네 방향 핸드셰이크

TCP는 연결형 전송 계층 프로토콜이므로 데이터 전송에 앞서 연결을 설정하는 과정이 선행됩니다. 이 과정에서 신뢰성 있는 데이터 전송을 위한 파라미터가 설정됩니다. 총 3개의 패킷을 송수신하므로 TCP 연결 설정 절차는 세 방향 핸드셰이크(3-way handshake)라고 불립니다.

반면 TCP 연결을 끝내기 위해서는 네 방향 핸드셰이크(4-way handshake) 절차를 거쳐야 합니다.[10] 두 종단 시스템 중 어느 하나라도 연결 종료를 요청할 수 있습니다. 연결이 정상적으로 종료된 후, 시스템의 자원은 회수됩니다.

신뢰성 있는 데이터 전송은 순서 번호와 확인응답 번호로 구현됩니다. 순서 번호는 세그먼트의 첫 번째 바이트의 파일 오프셋입니다. 본래 파일은 일련의 바이트 나열이므로 첫 번째 바이트를 0으로 지정하면 나머지 바이트는 그 오프셋으로 식별할 수 있습니다. 가령 크기가 102,400바이트인 파일(메시지)을 1,024바이트씩 분할해서 캡슐화하면 총 1,000개의 세그먼트가 만들어집니다. 첫 번째 세그먼트의 순서 번호는 0, 두 번째 세그먼트의 순서 번호는 1,024, 세 번째 세그먼트는 2,048 등으로 할당됩니다.

10 혹자는 이를 변형된 세 방향 핸드셰이크(modified 3-way handshake), 혹은 두 방향 핸드셰이크(2-way handshake)를 두 번 행하는 것으로도 칭합니다.

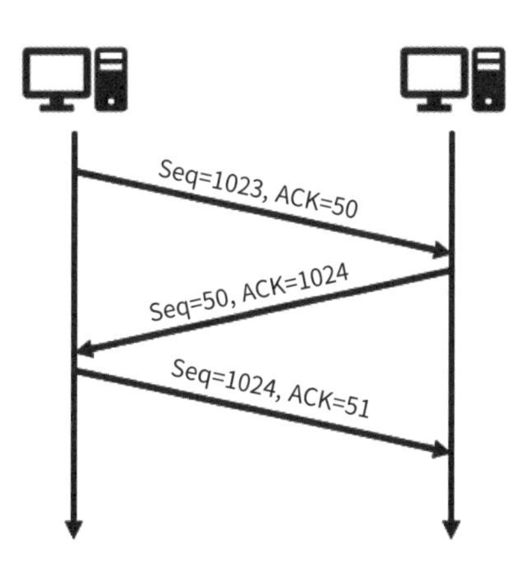


그림 2.19 순서 번호와 확인응답 번호

확인응답 번호는 송신자가 수신자로부터 기대하는 다음 순서 번호입니다. 가령 지금까지 ~1,023바이트를 수신했다면 상대방에게 보내는 세그먼트의 확인응답 번호는 1,024가 됩니다.

만일 어느 종단 시스템이 0~1,023바이트와 2,048~4,095바이트를 수신했다고 합시다. 가운데 1,024~2,047바이트는 아직 수신하지 못했습니다. 이때 상대방에게 보내는 세그먼트의 확인응답 번호는 1,024가 됩니다. TCP는 파일의 첫 번째 누락 바이트까지만 확인하고 응답하는 누적 확인응답(cumulative acknowledgment)을 제공하기 때문입니다.

세그먼트의 시작 순서 번호는 0이 아닐 수 있습니다. 오히려 임의로 순서 번호를 선택하는 것을 권장합니다. 이는 두 종단 시스템 간에 연결이 종료됐다가 나중에 다시 연결됐을 때 이전 세그먼트로부터 혼선이 없도록 하기 위해서입니다.

### 흐름제어와 혼잡제어

흐름제어(flow control)는 송신자의 전송 속도와 수신자의 읽기 속도를 일치시키는 서비스입니다. 만일 읽기 속도보다 전송 속도가 빠르다면 수신 측의 수신 버퍼(buffer)가 가득 차서 패킷이 누락될 것입니다. TCP에서는 이를 방지하기 위한 흐름제어 서비스를 제공합니다.

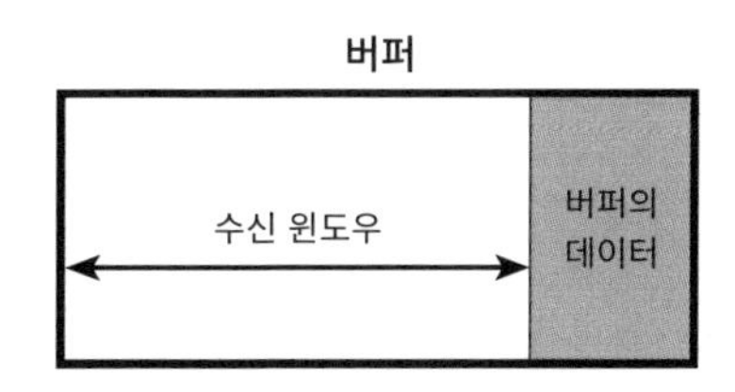


그림 2.20 수신 윈도우

수신 윈도우는 수신 측 버퍼의 여유 공간을 알려줍니다. 송신자는 상대방이 보낸 세그먼트의 수신 윈도우를 확인하고, 이 여유 공간보다 작은 양만큼만 전송함으로써 오버플로를 방지할 수 있습니다.

흐름제어가 송신자와 수신자 간의 미시적 관점에서 제공되는 서비스라면 혼잡제어(congestion control)는 좀 더 거시적인 관점에서 네트워크의 혼잡도에 따라 전송을 제한하는 서비스입니다. 네트워크 혼잡은 손실된 세그먼트로부터 추론할 수 있습니다. 만약 네트워크 혼잡이 감지되면 송신자는 전송률을 낮춥니다. 이를 '회피'라고 합니다. 반대로 네트워크 혼잡이 해소되면 전송률을 높입니다. 이를 '회복'이라고 합니다. 회피와 회복의 방법론(TCP 혼잡제어 알고리즘)을 잘 설계해서 효율적으로 혼잡을 제어하는 것이 중요합니다.

### 공평성

TCP는 혼잡제어로 송신을 억제합니다. 그러나 일부 앱은 전송률을 조절하지 않고 차라리 패킷이 손실되더라도 일정한 비율을 유지하고자 합니다. 이들은 UDP를 채택함으로써 이익을 실현합니다. 네트워크에 TCP와 UDP가 혼재할 경우 네트워크가 혼잡해짐에 따라 TCP는 송신을 억제하지만 UDP는 그렇게 하지 않습니다. 결국 TCP를 사용하는 앱이 네트워크에서 배제될 수 있습니다.

위와 같은 이유로 TCP가 UDP보다 공평성(fairness)에서 우수하다고 생각할 수 있으나 사실 TCP끼리도 공평성 문제가 제기될 수 있습니다. 한 앱에서 다수의 TCP 연결을 설정할 수 있기 때문입니다. 가령 네트워크상에 총 10개의 TCP 연결이 존재하고, 어느 한 앱이 그중 5개를 사용한다고 가정해봅시다. 수치상으로 본 앱은 혼자서 네트워크 자원의 절반을 차지합니다.

UDP 및 TCP에서 공평성을 향상시키기 위한 연구가 계속되고 있으며, 완전히 새로운 전송 계층 프로토콜을 개발하려는 시도도 눈여겨볼 만합니다. 그중에는 명백히 UDP나 TCP보다 진보한 결과물들도 있습니다.[11, 12]

## 04 네트워크 계층

네트워크 계층은 종단 시스템 간의 통신 서비스를 제공합니다. 일반적으로 두 종단 시스템은 서로 멀리 떨어져 있습니다. 패킷은 출발지에서 송신돼 인접한 라우터로 보내지고, 여러 라우터를 거쳐 목적지에 도달합니다.

11 RFC 2960의 SCTP(Stream Control Transmission Protocol)

12 RFC 6897의 MPTCP(Multipath TCP)

네트워크 계층은 출발지에서 패킷을 경로상의 다음 네트워크 장치로 전달하고, 목적지까지의 경로를 결정하는 기능을 제공합니다. 전자를 포워딩(forwarding), 후자를 라우팅(routing)이라 합니다. 포워딩과 라우팅은 네트워크 계층이 제공해야 할 주요 기능입니다.

RFC 3654에 따르면 네트워크 계층은 또다시 포워딩 평면(forwarding-plane)과 제어 평면(control-plane)으로 구분할 수 있습니다. 포워딩 평면에서는 어느 패킷이 라우터의 입력 인터페이스에 도착하면 출력 인터페이스 중 하나 혹은 여러 개를 선택해 패킷을 전달하는 방식을 정의합니다. 포워딩 평면은 라우터를 단위로 기술되는 기능입니다.

반면 제어 평면은 네트워크 전체를 단위로 합니다. 제어 평면에서는 패킷이 출발지에서 목적지까지 전달되기 위한 경로를 결정합니다. 이 방법론을 라우팅 알고리즘이라 합니다. 포워딩 평면과 제어 평면, 그리고 각 기능을 명확하게 분리하는 것으로 네트워크 계층을 구조적으로 바라볼 수 있습니다.

## IPv4

앞에서 전송 계층 세그먼트에 네트워크 계층 헤더 정보가 더해져 데이터그램으로 캡슐화된다고 설명한 바 있습니다. 인터넷 프로토콜(IP, Internet Protocol)은 네트워크 계층의 데이터그램 교환 프로토콜로서 형식과 종단 시스템 및 라우터에서의 절차를 기술한 유일한 프로토콜입니다. 따라서 네트워크 계층을 가진 모든 네트워크 장치는 IP를 수행해야만 합니다.

네트워크 계층 프로토콜인 IP는 비신뢰성과 비연결형이 특징입니다. 전송 과정에서 패킷이 손실될 수 있으며, 도착 순서가 보장되지 않습니다. 만일 신뢰성 있는 데이터 전송을 원한다면 TCP와 같은 상위 계층의 프로토콜을 이용해야 합니다.

오늘날 IP에는 버전 4와 버전 6이 있습니다. IPv4(Internet Protocol version 4)는 RFC 791에 명시된 이래 널리 활용되며 인터넷 구축의 핵심으로 자리매김했습니다. 그러나 인터넷의 발전과 더불어 32비트의 유한한 주소 공간이 한계에 봉착했고, 대안으로서 차세대 인터넷 프로토콜인 IPv6(Internet Protocol version 6)가 등장했습니다. IPv6는 다음 절에서 자세히 살펴보겠습니다.

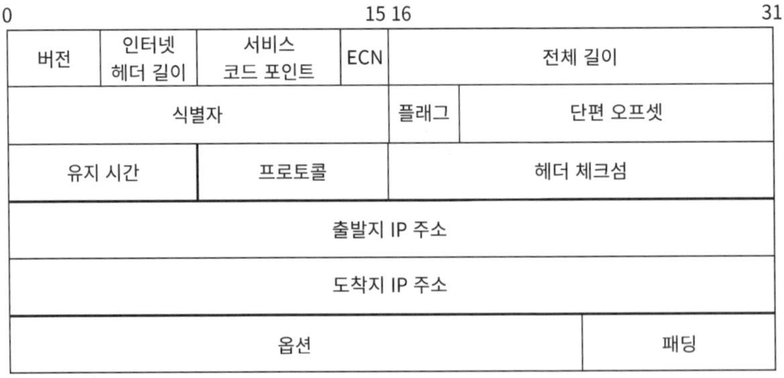

| 0 | | | 15 16 | | 31 |
|---|---|---|---|---|---|
| 버전 | 인터넷 헤더 길이 | 서비스 코드 포인트 | ECN | 전체 길이 | |
| 식별자 | | | | 플래그 | 단편 오프셋 |
| 유지 시간 | | 프로토콜 | | 헤더 체크섬 | |
| 출발지 IP 주소 | | | | | |
| 도착지 IP 주소 | | | | | |
| 옵션 | | | | | 패딩 |

그림 2.21 IPv4 헤더

IPv4 패킷 헤더는 기본적으로 출발지 IP 주소와 도착지 IP 주소를 포함합니다. IPv4에서 주소는 32비트로 표현됩니다. 따라서 총 $2^{32}$개, 약 42억 개가 넘는 주소를 사용할 수 있습니다. 통상 IPv4 주소는 각 바이트를 십진수로 표시하고 점으로 구분하는 점-십진수 표기법(dotted-decimal notation)을 사용해 나타냅니다. 가령 10010011001011100111010001000110과 147.46.116.70은 같은 IP 주소를 의미합니다. 점-십진수 표기법은 RFC 780에서 최초로 언급됐습니다.

IP 주소는 고유하므로 이로부터 네트워크 장치를 식별한다고 생각할 것입니다. 그러나 엄밀하게 IP 주소는 네트워크 장치가 아닌 인터페이스(interface)를 식별합니다. 인터페이스는 네트워크 장치와 네트워크 사이의 경계입니다. 종단 시스템은 일반적으로 하나의 네트워크와 연결되므로 하나의 인터페이스가 필요하지만 라우터는 둘 이상의 네트워크를 상호 연결하므로 두 개 이상이 필요합니다.

4비트의 버전(version) 항목은 본 데이터그램의 IP 버전을 나타냅니다. 버전에 따라 데이터그램 형식이 달라집니다. IPv4에서는 버전 항목이 항상 4의 값을 가집니다.

인터넷 헤더 길이(IHL, Internet Header Length) 항목은 헤더 필드의 길이를 32비트 워드 단위로 나타냅니다. IPv4 패킷 헤더에는 옵션 항목이 있으므로 헤더 길이가 가변적입니다. 옵션(option) 항목은 기능의 확장을 위해 사용되며, 0비트에서 320비트까지 가변적인 크기를 가집니다. 따라서 IPv4 패킷 헤더의 최소 크기는 20바이트, 최대 크기는 60바이트입니다.

8비트의 서비스 타입(ToS, Type of Service) 항목은 우선순위, 지연, 처리율, 신뢰성과 같은 요구되는 서비스 품질에 대한 유형을 나타냅니다. 본 항목은 이후 RFC 2474에 의해 6비트의 차등화 서비스 코드 포인트(DSCP, Differentiated Services Code Point)와 2비트의 미사용(CU, Currently Unused) 항목으로 구성됐습니다. 또한 RFC 3168로부터 미사용 항목이 명시적 혼잡 통지(ECN, Explicit

Congestion Notification) 항목으로 확장됐습니다.[13] 각 항목의 상세 내용은 대응되는 RFC를 참고합니다.

전체 길이(total length) 항목은 헤더 필드와 페이로드 필드를 더한 데이터그램의 전체 길이를 바이트 단위로 나타냅니다. 본 항목이 16비트이므로 IPv4 패킷의 이론상 크기는 최대 65,535바이트입니다.

16비트의 식별자(identification) 항목은 한 IPv4 패킷의 단편(fragment)들을 서로 식별하기 위해 사용됩니다. 3비트의 플래그와 13비트의 단편 오프셋(fragment offset) 항목 역시 IP 단편화와 관련돼 있습니다.

8비트의 유지 시간(TTL, Time to Live) 항목은 네트워크에서 데이터그램이 영원히 방랑하지 않게 합니다. 패킷이 라우터에 도달할 때마다 TTL 항목을 1씩 감소시킵니다. TTL 항목이 0이 되면 라우터는 패킷을 폐기하고 시간 초과 메시지를 송신자에게 보냅니다.

8비트의 프로토콜(protocol) 항목은 페이로드 필드의 데이터, 즉 상위 레벨의 패킷에 사용된 프로토콜을 명시합니다. 다양한 프로토콜과 할당 값에 대한 자세한 사항은 RFC 790을 참고합니다.

16비트의 헤더 체크섬(header checksum) 항목은 헤더의 오류를 검출하는 데 사용됩니다. 라우터는 수신한 데이터그램의 헤더 체크섬을 계산하고 이 항목과 비교합니다. 만일 값이 일치하지 않으면 라우터는 패킷을 폐기합니다. 또한 TTL 항목이 변함에 따라 헤더 체크섬 역시 라우터에서 갱신됩니다.

## IPv6

앞서 살펴본 IPv4는 주소 공간이 32비트에 불과해 빠르게 고갈되기 시작했고, 대안으로서 RFC 2460, RFC 4291 등으로부터 더욱 큰 주소 공간을 가지는 IPv6가 제안됐습니다. 더불어 IPv6에서는 기존의 IPv4에서 드러난 문제점을 보완하고자 했습니다. 네트워크 성능을 향상시키기 위한 새로운 기능이 추가됐음에도 IPv6의 구조가 더 간결하다는 것을 알 수 있는데, 이는 단편화와 체크섬 그리고 옵션 항목을 배제했기 때문입니다.

13 명시적 혼잡 통지는 네트워크에서 직접 혼잡을 알려줘서 TCP 혼잡제어의 효율을 높이는 방법입니다. 여기서 혼잡을 알려주는 주체는 종단 시스템이 아닌 라우터가 됩니다.

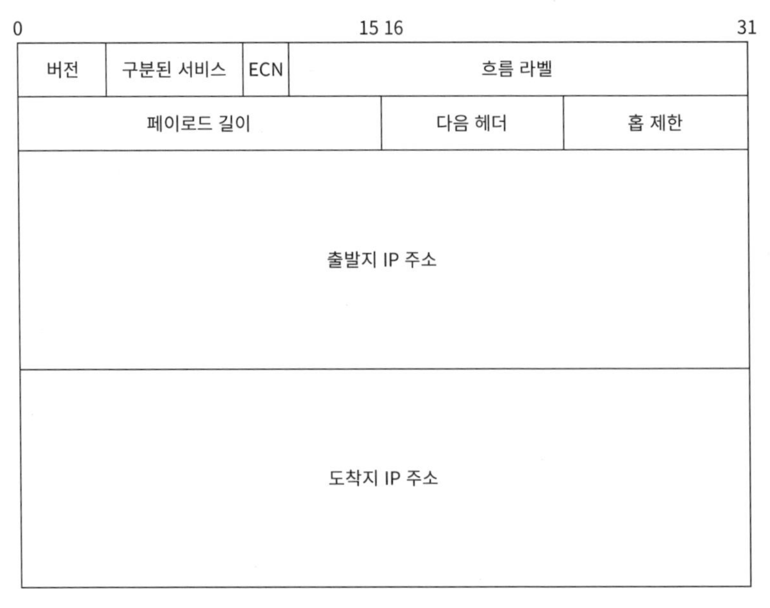

그림 2.22 IPv6 헤더

IPv6 패킷 헤더는 기본적으로 출발지 IP 주소와 도착지 IP 주소를 포함합니다. IPv6에서 주소는 128비트로 표현됩니다. 따라서 총 $2^{128}$개, 무려 $3.4 \times 10^{38}$개가 넘는 주소를 사용할 수 있습니다. IPv4와 비교하자면 $2^{96}$배의 차이입니다. 통상 IPv6 주소는 16비트씩 묶어 16진수로 표현하고 콜론으로 구분해서 나타냅니다. 가령 0000:0000:0000:0000:0000:ffff:932e:7446과 같습니다. 자세한 IPv6 주소 표기법은 RFC 4291을 참고합니다.

IPv6에서는 버전 항목이 항상 6의 값을 가집니다. IPv6 데이터그램의 헤더 필드의 길이는 40바이트로 고정돼 있으므로 헤더 필드의 길이를 대신해서 페이로드 길이(payload length) 항목이 포함됐습니다. 16비트의 본 항목은 페이로드 필드의 길이를 바이트 단위로 나타냅니다.

트래픽 클래스(traffic class) 항목은 IPv4의 서비스 타입 항목과 유사합니다. 이후 앞의 6비트는 차등화 서비스(DS, Differentiated Services) 항목으로 활용되고, 남은 2비트는 명시적 혼잡 통지 항목으로 확장됐습니다.

흐름 라벨(flow label) 항목은 본래 실시간 앱에 특별한 서비스를 제공하기 위해 만들어졌습니다. 혹은 위장된 패킷 감지에도 사용될 수 있습니다.

다음 헤더(next header) 항목은 IPv4의 프로토콜 항목과 동일합니다.

홉 제한(hop limit) 항목은 IPv4의 유지 시간 항목을 대체합니다. 포워딩이 있을 때마다 홉 제한 항목을 1씩 감소시킵니다. 본 항목이 0이 되면 라우터는 패킷을 폐기합니다.

### 터널링

IPv6는 하위 호환성이 있어 IPv4 데이터그램을 처리할 수 있습니다. 다시 말하자면 IPv6를 상정하고 만들어진 시스템은 IPv4 데이터그램을 라우팅할 수 있습니다. 그러나 이미 구축된 IPv4 시스템 인프라로는 IPv6 데이터그램을 처리할 수 없습니다.

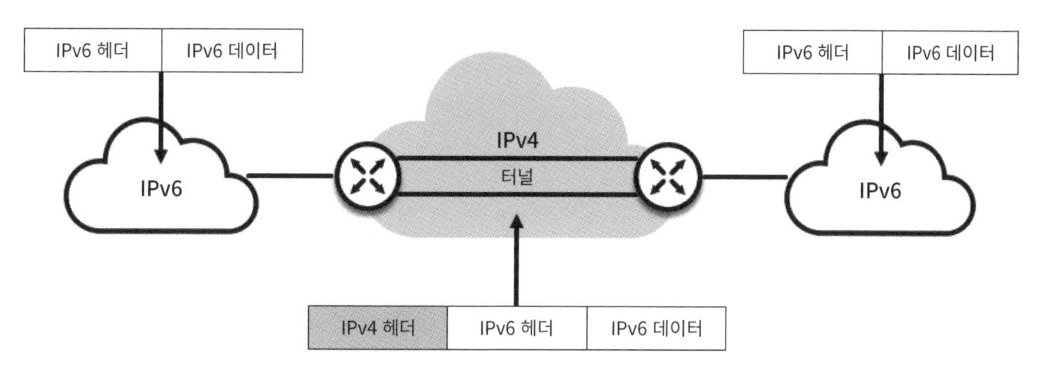


그림 2.23 터널링

RFC 4213에 정의된 터널링(tunneling)은 IPv6 데이터그램을 IPv4 라우터에서 처리할 수 있는 방법입니다. 두 IPv6 라우터 사이의 IPv4 라우터들을 터널이라고 합니다. 이 터널은 하나의 논리적 단위와도 같아서 멀리서 보면 IPv6 데이터그램을 그대로 전달하는 것으로 보입니다.

터널의 입구 쪽에 있는 IPv6 라우터는 IPv6 데이터그램을 받아 새로운 IPv4 데이터그램의 페이로드 필드에 추가합니다. 즉, 캡슐화합니다. 이 IPv4 데이터그램의 목적지는 터널의 출구 쪽에 있는 IPv6 라우터를 가리킵니다.

터널의 출구 쪽에 있는 IPv6 라우터는 IPv4 데이터그램을 받아 다시 IPv6 데이터그램으로 변환합니다. 이때 IPv4 데이터그램의 프로토콜 항목이 41인 것으로 본래 IPv6 데이터그램이라는 사실을 알 수 있습니다.

## 포워딩

앞에서 네트워크 계층은 출발지에서 목적지까지 패킷을 전달할 의무가 있다고 설명한 바 있습니다. 국소적으로 살펴보면 라우터는 입력 인터페이스로 받은 패킷을 가장 적절한 출력 인터페이스로 전달해야 합니다. 이를 포워딩이라고 합니다. 좀 더 일반화하자면 패킷을 전달할뿐만 아니라 폐기하거나 복제할 수 있습니다.

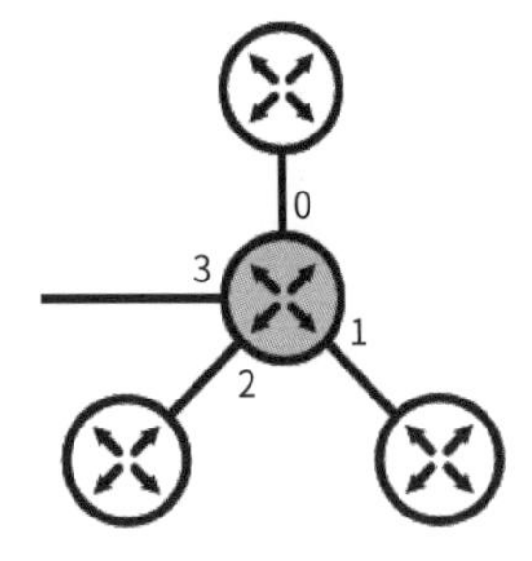


| 목적지 IP주소 범주 | 인터페이스 |
|---|---|
| 10001000 11100101 00110*** ******** | 0 |
| 10001000 11100101 00100111 ******** | 1 |
| 10001000 11100101 00110*** ******** | 2 |
| 기타 | 3 |

그림 2.24 포워딩 테이블

라우터는 포워딩 테이블(forwarding table)을 참조해서 패킷을 송출할 인터페이스를 찾습니다. 이때 목적지 IP 주소를 키(key)로, 인터페이스를 값(value)으로 가지는 포워딩 테이블을 생각할 수 있습니다. 그러나 32비트 IP 주소만 하더라도 키의 범위가 42억 개를 넘기 때문에 실질적인 구현이 불가능합니다. 하물며 128비트를 사용하는 IPv6라면 상상조차 할 수 없습니다.

따라서 다른 방법을 통해 포워딩 테이블을 구현하는데, 가령 최장 접두사 정합 규칙(longest prefix matching rule)을 활용할 수 있습니다. 최장 접두사 정합 규칙에서는 목적지 IP 주소와 가장 길게 접두사가 일치하는 항목(키)을 찾아 연관된 인터페이스(값)를 구합니다. 이 포워딩 테이블은 추후 살펴볼 라우팅 과정을 통해 계산됩니다.

## 라우팅

네트워크 계층은 라우팅 프로토콜도 포함합니다. 라우팅 프로토콜의 핵심은 곧 라우팅 알고리즘입니다. 라우팅 알고리즘은 출발지에서 목적지까지 데이터그램이 전달되는 최적의 경로를 결정합니다.

종단 시스템과 라우터들을 노드(node)로, 노드 간 연결을 에지(edge)로 바라보면 네트워크를 그래프로 취급할 수 있습니다. 각 에지는 가중치를 가지는데, 본 수치는 실제 네트워크 장치 간의 물리적인 거리이거나 통신 속도, 지연 등의 논리적인 대상일 수 있습니다.

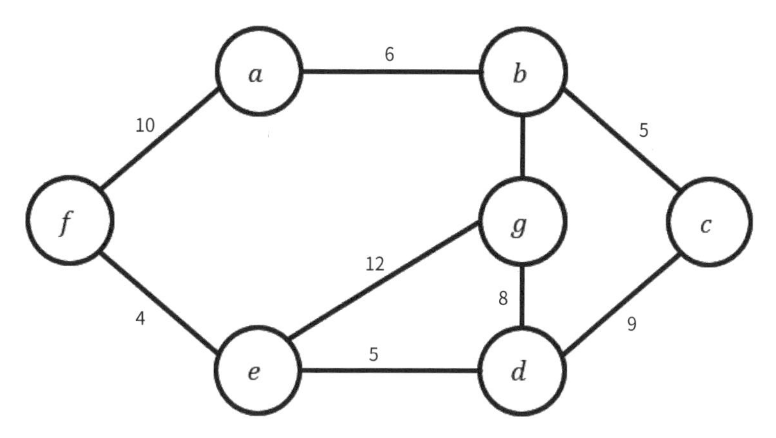


그림 2.25 최단 경로 문제

이제 라우팅 알고리즘은 그래프 이론의 최단 경로 문제를 푸는 것이 됩니다. 다익스트라 알고리즘(Dijkstra algorithm)과 같은 해법이 널리 알려져 있습니다.[14]

## 브로드캐스트

지금까지는 출발지와 목적지 혹은 송신자와 수신자로 나타나는 두 종단 시스템 간의 관계를 주로 살펴봤습니다. 이를 유니캐스트(unicast)라 합니다. 반면 모든 네트워크 참여자에게 동일한 패킷을 전송하는 상황을 상정할 수도 있습니다. 이러한 일대다 관계를 브로드캐스트(broadcast)라고 합니다.[15]

브로드캐스팅은 패킷의 복제가 이뤄지는 장소에 따라 출발지 복제(source duplication) 방법과 네트워크 내 복제(in-network duplication) 방법으로 나뉩니다.

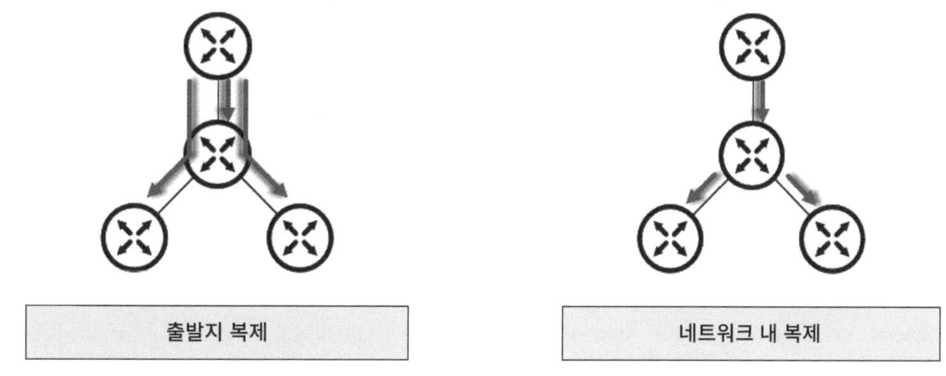


그림 2.26 출발지 복제와 네트워크 내 복제

14 E. W. Dijkstra, "A Note on Two Problems in Connexion with Graphs", Numerische Mathematik, 1959

15 엄밀하게는 일대다(one-to-many) 관계가 아닌 one-to-all 관계에 해당합니다. 일대다 관계는 멀티캐스트(multicast)라 합니다.

출발지 복제 방법에서 송신 노드는 패킷을 복제해서 다른 모든 노드에게 유니캐스트합니다. 이 방법은 직관적이지만 비효율적입니다. 우선 송신자가 모든 네트워크 참여자들의 주소를 알아야 합니다. 또한 송신자 측의 부하가 심하게 걸려 패킷 전송이 지연될 수 있습니다.

반면 네트워크 내 복제 방법에서 송신 노드는 이웃 노드에게만 패킷 복제본을 전송합니다. 이웃 노드는 이미 주소를 알고 있는 논리적으로 가까운 노드입니다. 브로드캐스트 패킷을 전송받은 이웃 노드들은 저마다의 이웃 노드들에게 패킷 복제본을 전송합니다. 이를 플러딩(flooding)이라 합니다.

나아가 패킷 복제본의 폭발적인 증가와 사이클에서의 순환을 방지하기 위해 제어된 플러딩(controlled flooding)을 생각할 수 있습니다. 이미 가지고 있는 브로드캐스트 패킷을 수신한다면 이를 폐기하고, 만일 새로운 패킷이라면 이웃 노드들에게 패킷 복제본을 전송합니다.

그러나 이러한 브로드캐스트 기능이 반드시 네트워크 계층에서 제공될 필요는 없습니다. 응용 계층과 같은 상위 계층에서나, 심지어 링크 계층에서 제공될 수도 있습니다. 실례로 IPv6에서는 더는 브로드캐스트가 지원되지 않으며 멀티캐스트만 지원합니다.

브로드캐스트 기능은 블록체인에서 매우 빈도 높게 요구됩니다. 트랜잭션(transaction)은 블록에 담길 수 있도록 거래 당사자로부터 확산됩니다. 또한 새 블록은 원장의 업데이트를 위해 채굴자로부터 확산됩니다. 흥미롭게도 블록체인에서는 브로트캐스팅 과정이 의도적으로 중단될 수 있습니다. 만일 전파받은 트랜잭션이나 블록이 올바르지 않으면, 노드는 이를 폐기하고 다른 대상으로 관심을 돌립니다. 결국 위변조된 트랜잭션 및 블록은 네트워크에서 소멸합니다.

## 05 링크 계층과 물리 계층

링크(link)란 인접한 네트워크 장치를 연결하는 통신 채널입니다. 이는 물리적 연결이라기보다는 논리적 연결을 의미합니다. 앞에서 네트워크 계층은 출발지에서 목적지까지의 경로를 결정한다고 설명한 바 있습니다. 경로는 일반적으로 여러 네트워크 장치를 거치므로 링크의 집합과도 같습니다. 네트워크 계층에서의 관심사가 경로 그 자체인 반면, 링크 계층에서의 관심사는 이를 구성하는 링크 각각입니다.

링크 계층의 최소 서비스는 한 노드(네트워크 장치)에서 다른 노드로 프레임을 전송하는 것입니다. 기타 서비스 및 프레임의 형식은 링크 계층 프로토콜마다 다양합니다. 가령, 오류 제어를 통해 상위 계층에서 오류 없는(빈도가 낮은) 통신을 상정할 수 있게 합니다.

물리 계층은 네트워크 장치 간 물리적 연결을 고려합니다. 패킷보다는 비트를 전송하는 데 초점을 맞추며, 이를 위해 필요한 기능 및 절차를 규정합니다. 네트워크 장치 및 매체마다 하드웨어가 다르므로 인터페이스 특성도 달라야 합니다.

비록 링크 계층과 물리 계층이 흥미로운 내용을 다루지만 이 책의 주제인 블록체인 코어 분석 및 구현에 필수적인 지식은 아닙니다. 따라서 두 계층의 자세한 사항은 독자들의 몫으로 남깁니다.

## 06 실습

노드의 본질은 통신이며, 다른 노드와 블록 및 블록체인을 동기화하는 기능이 필수적입니다.[16] 네트워크 동기화를 위해 다음과 같은 규칙들이 지켜져야 합니다.

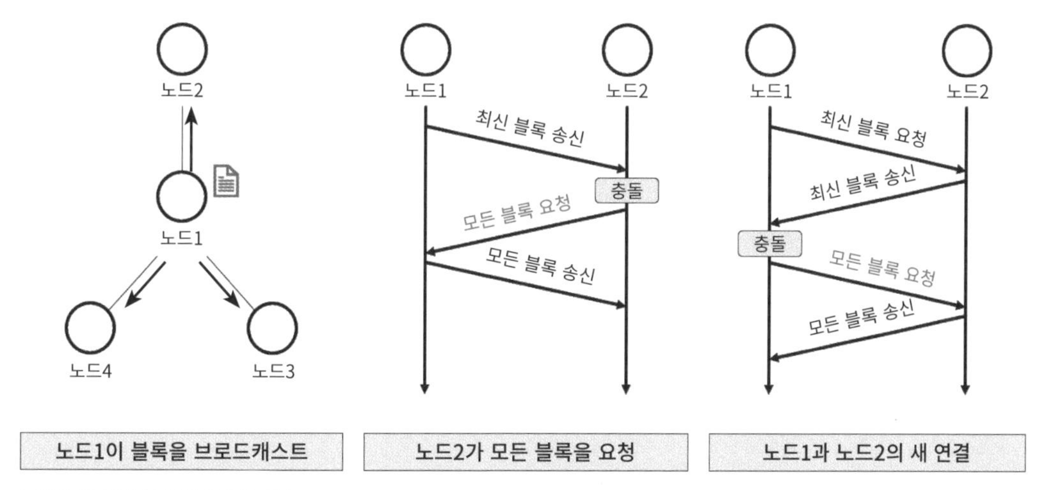


**그림 2.27** 블록 및 블록체인 동기화

- 노드는 블록을 생성하고 네트워크에 브로드캐스트합니다.
- 최신 블록을 받으면 자신의 원장에 추가하거나 원장을 비교하고 일치시킵니다.
- 새 연결이 형성되면 서로의 원장을 비교하고 일치시킵니다.

1장에서 만든 구현체는 통신 기능을 갖추지 못했습니다. 이번 실습에서는 사용자와 노드 간의 통신을 위한 HTTP 인터페이스와 노드와 노드 간의 통신을 위한 웹소켓(websocket) 인터페이스를 더합니다.

16 DAG 구조를 기반으로 한 일부 블록체인 프로토콜은 비동기적으로 동작하기도 합니다.

그래야 비로소 구현체가 블록체인 코어의 양상을 갖추게 됩니다. 또한 원장 간 불일치를 해결하기 위한 '체인 선택 규칙(chain selection rule)'을 정의하고 구현합니다.

## HTTP 인터페이스

블록 생성을 요청하거나 원장을 열람하는 등, 사용자는 블록체인에 접근하기 위해 노드를 제어할 필요가 있습니다. 이번에 만들 구현체에서는 HTTP를 활용합니다. 특정 노드의 위치와 명령은 URI로 식별됩니다.

포트 번호로 소켓을 식별할 수 있음을 떠올려 봅시다. 따라서 소켓을 달리해서 한 시스템에서 여러 개의 노드를 동시에 운용할 수 있습니다.

예제 2.1 포트 번호 할당

```
const http_port = process.env.HTTP_PORT || 3001;
```

HTTP 통신을 위한 기본 포트 번호는 3001번입니다. 다음과 같은 명령을 통해 원하는 포트 번호를 할당할 수 있습니다. 이 환경변수는 현재 터미널에만 적용됩니다.

- export VariableName=Value를 통해 환경변수를 추가한다.
- env를 통해 환경변수를 확인한다. 파이프라인('|')과 grep을 이용해 env | grep VariableName으로 특정 환경변수만 확인할 수 있다.
- unset VariableName을 통해 환경변수를 제거한다.

예제 2.2 환경변수 추가와 확인, 해제

```
$ export HTTP_PORT=3002
$ env | grep HTTP_PORT
HTTP_PORT=3002
$ unset HTTP_PORT
```

윈도우 터미널에서는 다음 명령을 수행합니다.

- set VariableName=Value를 통해 환경변수를 추가한다.
- set VariableName을 통해 환경변수를 확인한다. set | findstr VariableName과 동일하다.
- set VariableName=을 통해 환경변수를 제거한다.

예제 2.3 윈도우 터미널에서의 환경변수 추가와 확인, 해제

```
$ set HTTP_PORT=3002
$ set HTTP_PORT
HTTP_PORT=3002
$ set HTTP_PORT=
```

각 노드는 요청을 받기 위해 HTTP 서버로서 기능합니다. 여기서는 웹 서비스 개발을 위해 웹 프레임워크 라이브러리인 express를 호출합니다.[17] 또한 POST 요청에서 메시지 몸체(body) 추출을 돕는 body-parser 라이브러리를 호출합니다.[18] 이를 이용해 손쉽게 RESTful API를 설계할 수 있습니다.[19]

예제 2.4 express 및 body-parser 라이브러리 설치

```
$ npm install express --save
$ npm install body-parser --save
```

예제 2.5 HTTP 서버

```
const express = require("express");
const bodyParser = require("body-parser");

function initHttpServer() {
    const app = express();
    app.use(bodyParser.json());

    app.get("/blocks", function (req, res) {
        res.send(getBlockchain());
    });
    app.post("/mineBlock", function (req, res) {
        const data = req.body.data || [];
        const newBlock = generateNextBlock(data);
        addBlock(newBlock);

        res.send(newBlock);
```

17 https://github.com/expressjs/express

18 https://github.com/expressjs/body-parser

19 Roy T. Fielding and Richard N. Taylor., "Principled design of the modern Web architecture", ACM Transactions on Internet Technology (TOIT), May 2002

```
    });
    app.get("/version", function (req, res) {
        res.send(getCurrentVersion());
    });
    app.post("/stop", function (req, res) {
        res.send({ "msg": "Stopping server" });
        process.exit();
    });

    app.listen(http_port, function () { console.log("Listening http port on: " + http_port) });
}

initHttpServer();
```

이제 노드에 요청을 보내면 적절한 응답을 받을 수 있습니다. blocks GET 요청은 원장을, version GET 요청은 현재 버전 정보를 응답으로 받기를 기대합니다. mineBlock POST 요청은 데이터가 담긴 블록을 생성하고 블록체인을 업데이트하기를, stop POST 요청은 노드 프로세스를 종료하기를 기대합니다.

여기서는 빠른 테스트 및 디버깅을 위해 curl을 활용합니다. curl을 이용하면 셸에서 HTTP 메시지를 요청할 수 있습니다. 가령 IP 주소가 127.0.0.1이고 포트 번호가 3001번인 노드의 원장을 열람하려면 다음과 같이 GET 요청을 보냅니다.

**예제 2.6 원장 요청과 응답**

```
$ curl http://127.0.0.1:3001/blocks
[{"header":{"version":"1.0.0","index":0,"previou-
sHash":"0000000000000000000000000000000000000000000000000000000000000000","-
timestamp":1231006505,"merkleRoot":"EED29C626E81F759987615A2D6C7D8DAD04841A-
0B8809AAB9FDCE812E2DFDAA6","difficulty":0,"nonce":0},"data":["Coinbase","The Times 03/Jan/2009
Chancellor on brink of second bailout for banks"]}]
```

127.0.0.1이라는 IP 주소는 루프백 호스트명(loop-back hostname)으로서 자신의 컴퓨터를 의미합니다. 따라서 localhost로 대체할 수 있습니다.

예제 2.7 localhost로 지정한 원장 요청과 응답

```
$ curl http://localhost:3001/blocks
[{"header":{"version":"1.0.0","index":0,"previou-
sHash":"0000000000000000000000000000000000000000000000000000000000000000","-
timestamp":1231006505,"merkleRoot":"EED29C626E81F759987615A2D6C7D8DAD04841A-
0B8809AAB9FDCE812E2DFDAA6","difficulty":0,"nonce":0},"data":["Coinbase","The Times 03/Jan/2009
Chancellor on brink of second bailout for banks"]}]
```

블록 생성 요청을 한 적이 없으므로 제네시스 블록만 담긴 원장을 응답받았습니다. 파이썬(Python)에 포함된 json.tool 도구를 이용해 결과를 좀 더 깔끔하게 출력할 수 있습니다.

예제 2.8 json.tool을 이용한 출력 결과 정리

```
$ curl http://127.0.0.1:3001/blocks | python -m json.tool
[
    {
        "header": {
            "version": "1.0.0",
            "index": 0,
            "previousHash": "0000000000000000000000000000000000000000000000000000000000000000",
            "timestamp": 1231006505,
            "merkleRoot": "A6D72BAA3DB900B03E70DF880E503E9164013B4D9A470853EDC115776323A098"
        },
        "data": [
            "The Times 03/Jan/2009 Chancellor on brink of second bailout for banks"
        ]
    }
]
```

POST 요청은 조금 더 복잡합니다. 메시지 몸체에 아무런 데이터도 담지 않는 경우에는 다음과 같은 명령을 수행합니다.

예제 2.9 블록 생성 요청

```
$ curl -X POST http://127.0.0.1:3001/mineBlock
```

반면 데이터를 포함할 경우에는 헤더와 데이터를 함께 전달해야 합니다. 본 구현체에서 데이터는 JSON(JavaScript Object Notation) 형식을 준수합니다. 이때 큰따옴표는 역슬래시를 더해 탈출 문자열(escape sequence)로 구성해야 한다는 데 주의합니다.

예제 2.10 데이터를 포함한 블록 생성 요청

```
$ curl -H "Content-type:application/json" --data "{\"data\" : [\"Anything you want\", \"Anything you
need\"]}" http://127.0.0.1:3001/mineBlock
```

포스트맨을 사용하면 좀 더 손쉽게 요청을 보낼 수 있습니다.

요청 방식을 POST로 설정하고 `http://127.0.0.1:3001/mineBlock`으로 요청을 보내면 아무런 데이터도 담지 않은 블록이 생성됩니다.

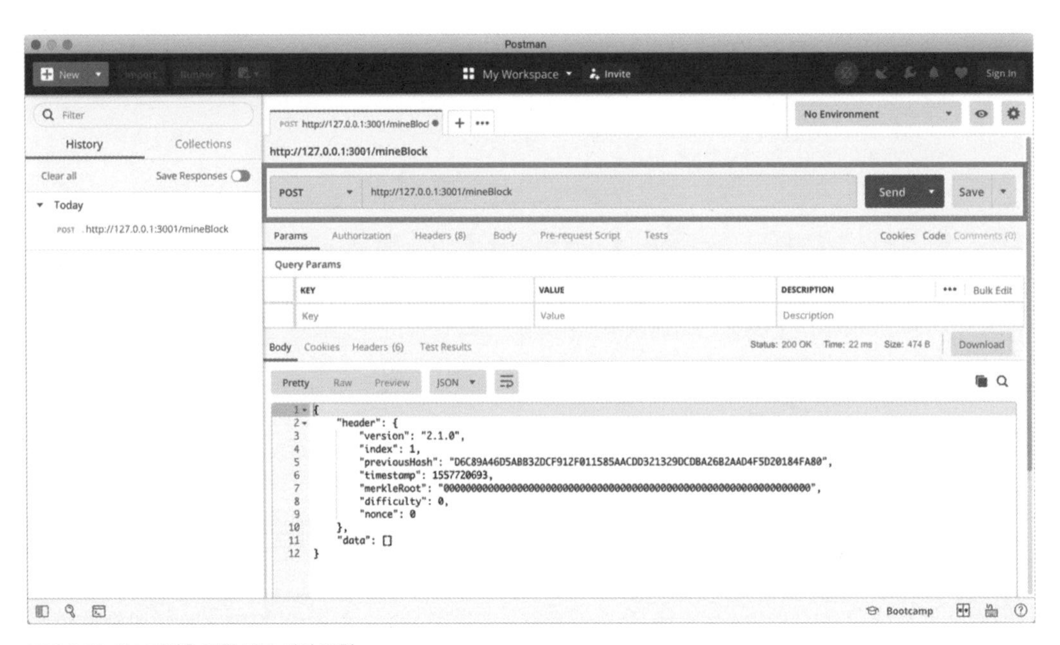


그림 2.28 포스트맨을 통한 블록 생성 요청

반면 다음과 같은 방법으로 헤더와 데이터를 전달할 수 있습니다. URL 입력란 바로 아래에 위치한 'Body'를 선택합니다. 이어 'raw', 'JSON (application/json)'을 선택합니다. 보내고자 하는 JSON 형식의 데이터를 기재합니다. 방식을 POST로 설정하고 `http://127.0.0.1:3001/mineBlock`을 입력해 요청을 보내면 데이터를 포함한 블록이 생성됩니다.

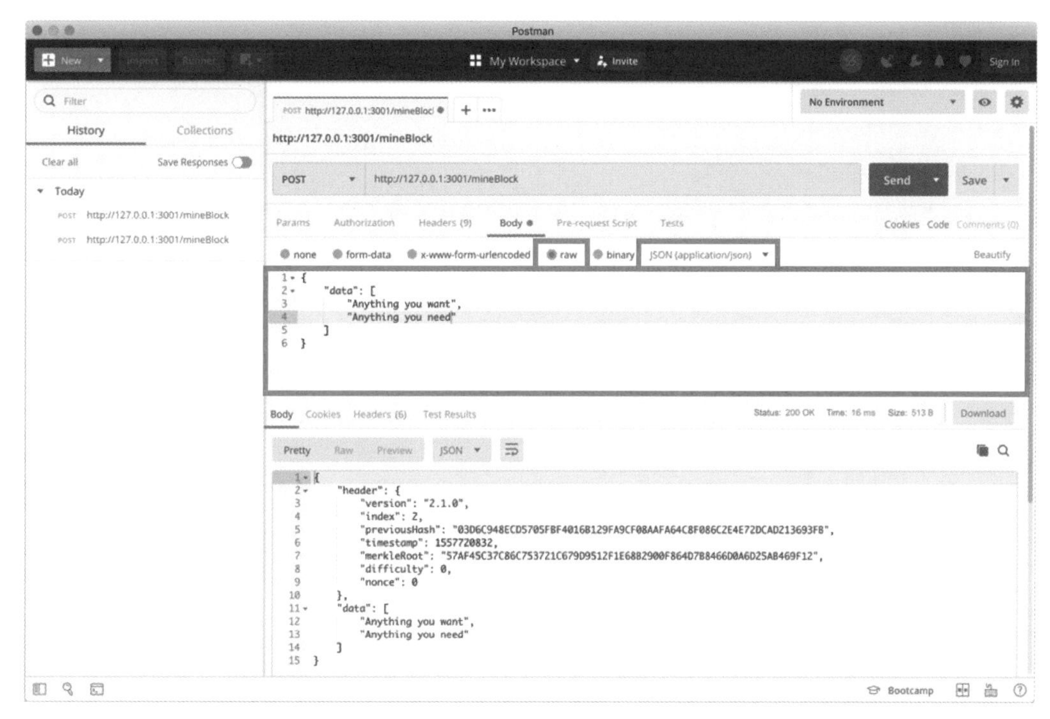


그림 2.29 포스트맨을 통한 데이터를 포함한 블록 생성 요청

## 웹소켓 인터페이스

P2P 구조에서는 누구나 서버가 될 수 있고 동시에 클라이언트도 될 수 있습니다. 노드는 메시지를 보내는 입장이면서 동시에 받는 입장이기도 합니다. 메시지를 주고받기 위한 창구로써 소켓을 할당해야 합니다.

각 노드는 HTTP 통신과 P2P 통신을 위해 두 개의 소켓을 사용합니다. 다음과 같은 방법으로 P2P 통신을 위한 포트 번호를 할당할 수 있습니다. 기본 포트 번호는 6001번입니다.

예제 2.11 포트 번호 할당

```
const p2p_port = process.env.P2P_PORT || 6001;
```

HTTP 때와 마찬가지로 환경변수를 통해 원하는 포트 번호를 할당할 수 있습니다.

예제 2.12 환경변수 추가와 확인, 해제

```
$ export P2P_PORT=6002
$ env | grep P2P_PORT
P2P_PORT=6002
$ unset P2P_PORT
```

윈도우 터미널에서는 다음 명령을 수행합니다.

예제 2.13 윈도우 터미널에서의 환경변수 추가와 확인, 해제

```
$ set P2P_PORT=6002
$ set P2P_PORT
P2P_PORT=6002
$ set P2P_PORT=
```

노드와 노드 간의 P2P 통신을 위해 웹소켓을 사용합니다. RFC 6455에 정의된 웹소켓 프로토콜은 클라이언트와 서버 간 지속(persistent) 연결을 통한 양방향 통신을 제공합니다. P2P 서버 개발을 위해 웹소켓 프로토콜 구현체인 ws(websocket)를 호출합니다.[20]

예제 2.14 ws 라이브러리 설치

```
$ npm install ws --save
```

예제 2.15 P2P 서버

```
const WebSocket = require("ws");

function initP2PServer() {
    const server = new WebSocket.Server({ port: p2p_port });
    server.on("connection", function (ws) { initConnection(ws); });
    console.log("Listening websocket p2p port on: " + p2p_port);
}

initP2PServer();
```

20 https://github.com/theturtle32/WebSocket-Node

현재 구현체에서는 자동 피어 탐색(peer discovery) 기능이 없으므로 수동으로 웹소켓 주소를 입력해야 합니다.

예제 2.16 피어 연결

```
function connectToPeers(newPeers) {
    newPeers.forEach(
        function (peer) {
            const ws = new WebSocket(peer);
            ws.on("open", function () { initConnection(ws); });
            ws.on("error", function () { console.log("Connection failed"); });
        }
    );
}
```

연결된 노드의 정보는 배열에 저장합니다.

예제 2.17 웹소켓 배열

```
var sockets = [];

function getSockets() { return sockets; }

function initConnection(ws) {
    sockets.push(ws);
}
```

배열에 저장된 모든 웹소켓 주소에 메시지를 보내는 것으로 간단히 브로드캐스트 기능을 구현할 수 있습니다. 연결된 노드에게만 메시지를 보내므로 이는 '네트워크 내 복제' 브로드캐스트 방법에 해당합니다.

예제 2.18 브로드캐스트

```
function write(ws, message) { ws.send(JSON.stringify(message)); }

function broadcast(message) {
    sockets.forEach(function (socket) {
```

```
        write(socket, message);
    });
}
```

연결된 피어 목록을 요청하거나 다른 피어에 연결하기 위해 새로운 RESTful API를 추가로 정의해야 합니다. 또한 새 블록을 생성한 후 브로드캐스트하는 과정을 추가합니다. 다음은 HTTP 서버 측의 추가 구현입니다.

예제 2.19 수정된 HTTP 서버

```
function initHttpServer() {
    const app = express();
    app.use(bodyParser.json());

    /* 중략 */

    app.get("/peers", function (req, res) {
        res.send(getSockets().map(function (s) {
            return s._socket.remoteAddress + ':' + s._socket.remotePort;
        }));
    });
    app.post("/addPeers", function (req, res) {
        const peers = req.body.peers || [];
        connectToPeers(peers);
        res.send();
    });

    app.listen(http_port, function () { console.log("Listening http port on: " + http_port) });
}
```

addPeers POST 요청으로 다른 피어와의 연결을 시도할 수 있습니다. 이때 HTTP 요청을 보내는 소켓과 P2P 통신을 담당하는 소켓을 확실히 구분해야 합니다. 다음은 HTTP 통신에 3001번 소켓을 사용하는 노드에게 내리는 명령으로, P2P 통신에 6002번과 6003번을 사용하는 각 노드와 연결하라는 의미입니다.

예제 2.20 다른 피어와의 연결 요청

```
$ curl -H "Content-type:application/json" --data "{\"peers\" : [\"ws://127.0.0.1:6002\",
\"ws://127.0.0.1:6003\"]}" http://127.0.0.1:3001/addPeers
```

연결된 피어 목록은 peers GET 요청으로 확인할 수 있습니다.

예제 2.21 연결된 피어 목록 요청과 응답

```
$ curl http://127.0.0.1:3001/peers
["127.0.0.1:6002","127.0.0.1:6003"]
```

자바스크립트의 map() 메서드는 호출된 배열의 모든 원소를 함께 제공되는 함수의 인자로 삼아 새로운 배열을 형성합니다. 즉 peers GET 요청은 다음과 같은 코드로 다시 작성할 수 있습니다.

예제 2.22 연결된 피어 목록 요청의 다른 구현

```
app.get("/peers", function (req, res) {
    var resStrings = [];
    getSockets().forEach(function(s){
        resStrings.push(s._socket.remoteAddress + ':' + s._socket.remotePort);
    });
    res.send(resStrings);
});
```

메시지는 JSON 객체로 구성되는데, 타입(type)에 따라 노드의 행동이 달라져야 합니다. 이는 메시지 핸들러(handler)에서 담당합니다. 가령 노드는 RESPONSE_BLOCKCHAIN 타입의 메시지를 받으면 데이터 필드에 하나 이상의 블록이 들어 있을 것으로 기대합니다.

QUERY_LATEST 타입의 메시지를 받으면 자신이 가지고 있는 블록체인의 최신 블록을 데이터 필드에 담아 회신합니다. 이 회신 메시지에는 하나의 블록이 포함돼 있으므로 타입을 RESPONSE_BLOCKCHAIN으로 설정합니다.

QUERY_ALL 타입의 메시지를 받으면 자신이 가지고 있는 블록체인 전체를 데이터 필드에 담아 회신합니다. 이 회신 메시지에는 여러 블록이 포함돼 있으므로 타입을 RESPONSE_BLOCKCHAIN으로 설정합니다.

예제 2.23 메시지 핸들러

```
const MessageType = {
    QUERY_LATEST: 0,
    QUERY_ALL: 1,
    RESPONSE_BLOCKCHAIN: 2
};

function initMessageHandler(ws) {
    ws.on("message", function (data) {
        const message = JSON.parse(data);

        switch (message.type) {
            case MessageType.QUERY_LATEST:
                write(ws, responseLatestMsg());
                break;
            case MessageType.QUERY_ALL:
                write(ws, responseChainMsg());
                break;
            case MessageType.RESPONSE_BLOCKCHAIN:
                handleBlockchainResponse(message);
                break;
        }
    });
}

function queryAllMsg() {
    return ({
        "type": MessageType.QUERY_ALL,
        "data": null
    });
}

function queryChainLengthMsg() {
    return ({
        "type": MessageType.QUERY_LATEST,
        "data": null
    });
}
```

```
function responseChainMsg() {
    return ({
        "type": MessageType.RESPONSE_BLOCKCHAIN,
        "data": JSON.stringify(getBlockchain())
    });
}

function responseLatestMsg() {
    return ({
        "type": MessageType.RESPONSE_BLOCKCHAIN,
        "data": JSON.stringify([getLatestBlock()])
    });
}
```

전파받은 블록이 내 원장의 맨 마지막 블록을 참조한다면 유효성을 검사합니다. 유효성 검사까지 통과한다면 블록을 원장에 추가하고 이웃 노드들에게 브로드캐스트합니다.

내 원장의 마지막 블록을 참조하지 않는다면 원장 간 불일치 혹은 블록 전파 지연이 발생한 것입니다. 주변의 다른 노드들에게 원장(블록체인 전체)을 요청합니다. 이후 응답받은 원장의 유효성을 검사한 후, 불일치를 해결합니다. 자세한 방법은 다음 절을 참고합니다.

만일 데이터 필드에 블록이 들어있지 않거나 유효하지 않은 블록이라면, 혹은 원장 간 불일치가 발생하는 블록이 들어있다면 메시지를 브로드캐스트하지 않습니다. 이러한 방법으로부터 제어된 플러딩을 제공합니다.

예제 2.24 전파받은 블록 처리

```
function handleBlockchainResponse(message) {
    const receivedBlocks = JSON.parse(message.data);
    const latestBlockReceived = receivedBlocks[receivedBlocks.length - 1];
    const latestBlockHeld = getLatestBlock();

    if (latestBlockReceived.header.index > latestBlockHeld.header.index) {
        console.log(
            "Blockchain possibly behind."
            + " We got: " + latestBlockHeld.header.index + ", "
            + " Peer got: " + latestBlockReceived.header.index
        );
```

```
        if (calculateHashForBlock(latestBlockHeld) == latestBlockReceived.header.previousHash) {
            // A received block refers the latest block of my ledger.
            console.log("We can append the received block to our chain");
            if (addBlock(latestBlockReceived)) {
                broadcast(responseLatestMsg());
            }
        }
        else if (receivedBlocks.length == 1) {
            // Need to reorganize.
            console.log("We have to query the chain from our peer");
            broadcast(queryAllMsg());
        }
        else {
            // Replace chain.
            console.log("Received blockchain is longer than current blockchain");
            replaceChain(receivedBlocks);
        }
    }
    else { console.log("Received blockchain is not longer than current blockchain. Do nothing"); }
}
```

메시지 핸들러가 메시지 타입에 따른 노드의 행동을 정의한다면, 에러(error) 핸들러는 에러 상황에 대한 노드의 행동을 정의합니다.

예제 2.25 에러 핸들러

```
function initErrorHandler(ws) {
    ws.on("close", function () { closeConnection(ws); });
    ws.on("error", function () { closeConnection(ws); });
}

function closeConnection(ws) {
    console.log("Connection failed to peer: " + ws.url);
    sockets.splice(sockets.indexOf(ws), 1);
}
```

이제 피어 간 새로운 연결이 형성되면 다음과 같은 일련의 작업을 수행합니다.

- 연결된 노드의 정보를 배열에 저장합니다.
- 메시지 핸들러를 초기화합니다.
- 에러 핸들러를 초기화합니다.
- 서로의 원장을 비교하고 일치시킵니다.

예제 2.26 수정된 initConnection

```
function initConnection(ws) {
    sockets.push(ws);
    initMessageHandler(ws);
    initErrorHandler(ws);
    write(ws, queryChainLengthMsg());
}
```

노드는 블록을 생성하면 네트워크에 브로드캐스트해야 합니다. 따라서 mineBlock POST 요청에 브로드캐스트 과정을 추가합니다.

예제 2.27 블록 생성 후 브로드캐스팅

```
function mineBlock(blockData) {
    const newBlock = generateNextBlock(blockData);

    if (addBlock(newBlock)) {
        broadcast(responseLatestMsg());
        return newBlock;
    }
    else {
        return null;
    }
}
```

예제 2.28 수정된 mineBlock POST 요청

```
app.post("/mineBlock", function (req, res) {
    const data = req.body.data || [];
    const newBlock = mineBlock(data);
    if (newBlock === null) {
        res.status(400).send('Bad Request');
    }
    else {
        res.send(newBlock);
    }
});
```

## 체인 선택 규칙

현재 비트코인 네트워크에서 도달 가능한 노드의 수는 9,642개입니다(2019년 4월 8일 기준).[21] 이처럼 블록체인은 범세계적인 대규모 네트워크를 형성하다 보니 원장 간 불일치가 발생할 수 있는데, 어떠한 과정을 통해 원장을 하나로 합의해야 합니다. 이를 체인 선택 규칙이라 합니다. 다양한 방법으로 규칙을 정의할 수 있습니다만, 이 책의 구현체에서는 가장 긴 체인 선택 규칙을 따릅니다.

무작위 요소가 포함되므로 random 라이브러리를 사용합니다.[22]

예제 2.29 random 라이브러리 설치

```
$ npm install random --save
```

예제 2.30 가장 긴 체인 선택 규칙

```
const random = require("random");

function replaceChain(newBlocks) {
    if (
        isValidChain(newBlocks)
        && (newBlocks.length > blockchain.length || (newBlocks.length === blockchain.length) &&
```

21 https://bitnodes.earn.com

22 https://github.com/transitive-bullshit/random

```
random.boolean())
    ) {
        console.log("Received blockchain is valid. Replacing current blockchain with received
blockchain");
        blockchain = newBlocks;
        broadcast(responseLatestMsg());
    }
    else { console.log("Received blockchain invalid"); }
}
```

우선 전파받은 원장이 유효해야 합니다. 유효성 검사를 통과하면 내 원장과의 길이를 비교합니다. 배열에 저장되므로 배열의 크기를 비교하면 됩니다. 만일 전파받은 원장이 더 길다면 기존의 원장을 대체합니다. 길이가 같다면 무작위로 둘 중 하나를 결정합니다. 내 원장의 길이가 더 길다면 아무런 행동도 취하지 않습니다. 내 원장을 브로드캐스트할 필요도 없습니다. 필요하다면 상대 노드가 요청할 것이기 때문입니다.

## 07 정리

이번 장에서는 인터넷 프로토콜 스택을 기반으로 네트워크를 학습했습니다. 응용 계층에서는 메시지에 집중했습니다. HTTP는 클라이언트와 서버 사이에서 메시지의 구조 및 주고받는 규칙을 정의합니다. 또한 클라이언트-서버 구조와 P2P 구조 그리고 블록체인을 비교했습니다. 블록체인에는 탈중앙화 정도, 확장성, 보안성의 트릴레마가 얽혀 있어 모든 항목을 만족시키기가 매우 어렵습니다.

전송 계층은 앱에 통신 서비스를 제공합니다. UDP는 다중화와 역다중화와 더불어 체크섬 기능만을 제공합니다. 반면 TCP는 신뢰성 있는 데이터 전송, 혼잡제어, 흐름제어 등의 기능을 제공합니다.

네트워크 계층에서는 패킷을 경로상의 다음 네트워크 장치로 전달하는 포워딩과 경로를 결정하는 라우팅을 살펴봤습니다. 또한 IPv4와 IPv6를 예시로 네트워크 계층의 데이터그램 교환 프로토콜을 살펴봤습니다. 모든 네트워크 참여자에게 동일한 패킷을 전송하는 브로드캐스트는 블록체인에서 매우 빈도 높게 요구되는 기능입니다.

링크 계층은 인접한 노드에 프레임을 전송하는 서비스를 제공하고, 물리 계층은 네트워크 장치 간 물리적 연결을 고려합니다.

실습에서는 사용자와 노드 간의 통신, 노드와 노드 간의 통신을 구현했습니다. 다른 노드와 블록 및 블록체인을 동기화하는 기능도 갖췄습니다. 가장 긴 체인 선택 규칙을 통해 원장 간 불일치 문제를 해결했습니다.

이번 장에 등장한 코드를 정리하면 다음과 같습니다. 이 코드는 원체인 저장소의 chapter-2 브랜치에서도 확인할 수 있습니다.[23]

예제 2.31 2장 코드 정리

```
// Chapter-2
const express = require("express");
const bodyParser = require("body-parser");
const WebSocket = require("ws");
const random = require("random");

const http_port = process.env.HTTP_PORT || 3001;
const p2p_port = process.env.P2P_PORT || 6001;

const MessageType = {
    QUERY_LATEST: 0,
    QUERY_ALL: 1,
    RESPONSE_BLOCKCHAIN: 2
};

var sockets = [];

function getSockets() { return sockets; }

function initHttpServer() {
    const app = express();
    app.use(bodyParser.json());

    app.get("/blocks", function (req, res) {
        res.send(getBlockchain());
    });
    app.post("/mineBlock", function (req, res) {
```

23 https://github.com/twodude/onechain/blob/chapter-2/src/main.js

```
        const data = req.body.data || [];
        const newBlock = mineBlock(data);
        if (newBlock === null) {
            res.status(400).send('Bad Request');
        }
        else {
            res.send(newBlock);
        }
    });
    app.get("/version", function (req, res) {
        res.send(getCurrentVersion());
    });
    app.post("/stop", function (req, res) {
        res.send({ "msg": "Stopping server" });
        process.exit();
    });
    app.get("/peers", function (req, res) {
        res.send(getSockets().map(function (s) {
            return s._socket.remoteAddress + ':' + s._socket.remotePort;
        }));
    });
    app.post("/addPeers", function (req, res) {
        const peers = req.body.peers || [];
        connectToPeers(peers);
        res.send();
    });

    app.listen(http_port, function () { console.log("Listening http port on: " + http_port) });
}

function initP2PServer() {
    const server = new WebSocket.Server({ port: p2p_port });
    server.on("connection", function (ws) { initConnection(ws); });
    console.log("Listening websocket p2p port on: " + p2p_port);
}

function initConnection(ws) {
    sockets.push(ws);
    initMessageHandler(ws);
```

```
    initErrorHandler(ws);
    write(ws, queryChainLengthMsg());
}

function initMessageHandler(ws) {
    ws.on("message", function (data) {
        const message = JSON.parse(data);

        switch (message.type) {
            case MessageType.QUERY_LATEST:
                write(ws, responseLatestMsg());
                break;
            case MessageType.QUERY_ALL:
                write(ws, responseChainMsg());
                break;
            case MessageType.RESPONSE_BLOCKCHAIN:
                handleBlockchainResponse(message);
                break;
        }
    });
}

function initErrorHandler(ws) {
    ws.on("close", function () { closeConnection(ws); });
    ws.on("error", function () { closeConnection(ws); });
}

function closeConnection(ws) {
    console.log("Connection failed to peer: " + ws.url);
    sockets.splice(sockets.indexOf(ws), 1);
}

function connectToPeers(newPeers) {
    newPeers.forEach(
        function (peer) {
            const ws = new WebSocket(peer);
            ws.on("open", function () { initConnection(ws); });
            ws.on("error", function () { console.log("Connection failed"); });
        }
```

```
    );
}

function handleBlockchainResponse(message) {
    const receivedBlocks = JSON.parse(message.data);
    const latestBlockReceived = receivedBlocks[receivedBlocks.length - 1];
    const latestBlockHeld = getLatestBlock();

    if (latestBlockReceived.header.index > latestBlockHeld.header.index) {
        console.log(
            "Blockchain possibly behind."
            + " We got: " + latestBlockHeld.header.index + ", "
            + " Peer got: " + latestBlockReceived.header.index
        );
        if (calculateHashForBlock(latestBlockHeld) === latestBlockReceived.header.previousHash) {
            // A received block refers the latest block of my ledger.
            console.log("We can append the received block to our chain");
            if (addBlock(latestBlockReceived)) {
                broadcast(responseLatestMsg());
            }
        }
        else if (receivedBlocks.length === 1) {
            // Need to reorganize.
            console.log("We have to query the chain from our peer");
            broadcast(queryAllMsg());
        }
        else {
            // Replace chain.
            console.log("Received blockchain is longer than current blockchain");
            replaceChain(receivedBlocks);
        }
    }
    else { console.log("Received blockchain is not longer than current blockchain. Do nothing"); }
}

function queryAllMsg() {
    return ({
        "type": MessageType.QUERY_ALL,
        "data": null
```

```
    });
}

function queryChainLengthMsg() {
    return ({
        "type": MessageType.QUERY_LATEST,
        "data": null
    });
}

function responseChainMsg() {
    return ({
        "type": MessageType.RESPONSE_BLOCKCHAIN,
        "data": JSON.stringify(getBlockchain())
    });
}

function responseLatestMsg() {
    return ({
        "type": MessageType.RESPONSE_BLOCKCHAIN,
        "data": JSON.stringify([getLatestBlock()])
    });
}

function write(ws, message) { ws.send(JSON.stringify(message)); }

function broadcast(message) {
    sockets.forEach(function (socket) {
        write(socket, message);
    });
}

function mineBlock(blockData) {
    const newBlock = generateNextBlock(blockData);

    if (addBlock(newBlock)) {
        broadcast(responseLatestMsg());
        return newBlock;
    }
```

```
    else {
        return null;
    }
}

function replaceChain(newBlocks) {
    if (
        isValidChain(newBlocks)
        && (newBlocks.length > blockchain.length || (newBlocks.length === blockchain.length) &&
random.boolean())
    ) {
        console.log("Received blockchain is valid. Replacing current blockchain with received
blockchain");
        blockchain = newBlocks;
        broadcast(responseLatestMsg());
    }
    else { console.log("Received blockchain invalid"); }
}

// main
initHttpServer();
initP2PServer();
```

CHAPTER

03

# 기초 수학

암호학의 기반은 수학입니다. 본격적으로 암호학을 공부하기에 앞서 수학 전반을 살펴보면 큰 도움이 됩니다. 이번 장에서 살펴볼 주요 내용은 정수, 대수 구조, 소수 등과 관련된 기초 수학입니다. 특히 정수론은 암호학의 중추와도 같으므로 좀 더 상세히 살펴보겠습니다.

## 01 정수

정수(integer)는 우리에게 매우 익숙한 수 체계입니다. 혹자는 정수를 양의 정수, 음의 정수, 0으로 구성된 수 체계라 칭하지만 정의에 자기 자신이 참조되는 형태는 기형적입니다. 올바른 정수의 정의는 차라리 "소수부(fraction) 없이 쓸 수 있는 수"입니다.

정수 집합은 $\mathbb{Z}$로 표기합니다.

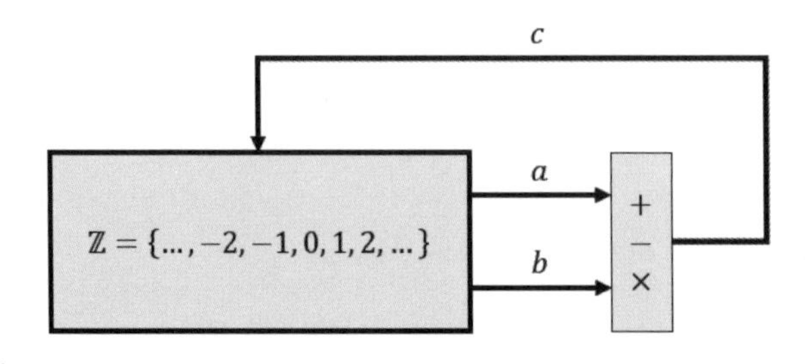


그림 3.1 '닫혀있다'의 도식

두 정수의 덧셈, 뺄셈, 곱셈 연산은 그 결과도 정수입니다. 이를 '닫혀있다(closure)'고 하며, '정수 집합은 덧셈에 닫혀있다'고 합니다. 마찬가지로 정수 집합은 뺄셈과 곱셈에 닫혀있습니다.

그러나 나눗셈은 그렇지 못합니다. 0으로 나누는 경우를 제외하고서도 닫혀있지 않습니다. 가령 5 나누기 2를 생각해 봅시다. 정수에서의 나눗셈은 다음과 같은 여러 관점으로 취급할 수 있습니다.

1. 연산의 결과를 유리수(rational number)로 확장합니다. 5 나누기 2의 결과는 $5/2$입니다.
2. 5는 2로 나눠지지 않는 것으로 취급합니다. 이 경우 나눗셈은 부분 함수가 됩니다.[1]
3. 연산의 결과로 정수 몫만을 취합니다. 가령 $5/2=2$입니다. 이는 정수 나눗셈(integer division)으로 불리기도 하며, 컴퓨터공학에서는 친숙한 연산입니다.
4. 연산의 결과로 두 개의 정수, 몫과 나머지를 얻습니다. $5/2=2\cdots1$이며 몫은 2, 나머지는 1입니다. 유클리드 나눗셈(Euclidean division)으로 불리기도 합니다. 나머지로는 0 또는 양의 정수만 가집니다.

## 모듈로 연산

나머지에 집중해봅시다. 모듈로 연산(modulo operation)은 나눗셈 연산에서 발생하는 나머지(잉여, residue)만을 결과로 취합니다. 그렇기 때문에 나머지 연산으로도 불립니다.

모듈로 연산은 $mod$ 혹은 %로 표기합니다. 양의 정수 $n$에 대해 식 $a \ mod \ n$ 혹은 $a \ \% \ n$은 정수 $a$를 $n$으로 나눈 나머지를 의미합니다. 이에 따라 정수 모듈로 연산의 결과는 0에서 $n-1$ 사이의 값을 가진다는 것이 자명합니다. 또한 $a \ mod \ 1$은 항상 0이며, $a \ mod \ 0$은 정의되지 않습니다.

$$
\begin{aligned}
27 \ mod \ 4 &= 3 \\
27 \ mod \ 3 &= 0 \\
-12 \ mod \ 5 &= 3
\end{aligned}
$$

모듈로 연산의 결과가 유한한 범주를 가지므로 이들을 모은 특정 집합을 생각할 수 있습니다. $mod \ n$이 만들어내는 본 집합은 $\mathbb{Z}_n$으로 표기합니다. 정수 집합을 $\mathbb{Z}$로 표기한다는 것을 떠올려 봅시다.

$$
\begin{aligned}
\mathbb{Z}_n &= \{0, 1, 2, \cdots, n-1\} \\
\mathbb{Z}_2 &= \{0, 1\} \\
\mathbb{Z}_7 &= \{0, 1, 2, 3, 4, 5, 6\}
\end{aligned}
$$

1 부분 함수(partial function)는 정의역이 어느 집합의 일부로 정의되는 함수입니다. 엄밀하게, 집합 $X$에서 $Y$로 가는 부분 함수 $f: X' \rightarrow Y$에서 $X' \subsetneq X$입니다. 이는 함수 $f: X \rightarrow Y$의 개념을 일반화합니다. 반면 $X' = X$라면 $f$는 전 함수(total function)이며 함수와 동일한 의미입니다.

양의 정수 $n$과 두 개의 정수 $a$와 $b$에 대해 $a-b$가 $n$의 배수일 경우 "$n$을 법(modulus)으로 해서 $a$와 $b$는 서로 합동(congruent)"이라 합니다. 달리 말하면 $n$을 법으로 해서 두 정수의 나머지가 같은 경우, 즉 $a \ mod \ n$과 $b \ mod \ n$이 같은 경우를 말합니다. 두 정수가 합동 관계(congruence relationship)에 있음은 $a \equiv b(mod \ n)$으로 표기합니다.

$$8 \equiv 11 \equiv 14(mod \ 3)$$
$$-7 \equiv 3 \equiv 13(mod \ 10)$$

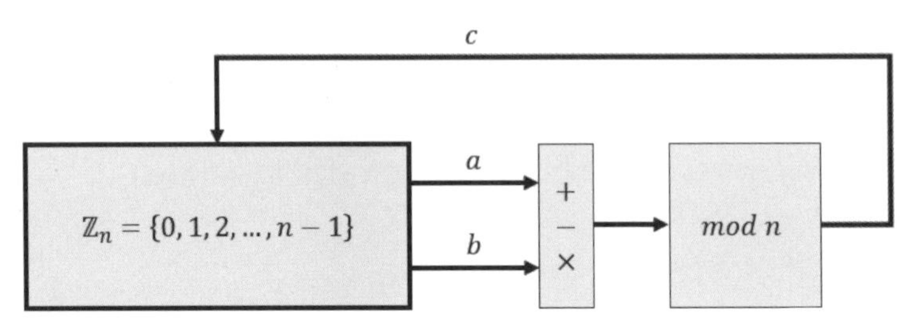


**그림 3.2** $\mathbb{Z}_n$에서의 '닫혀있다'의 도식

정수 집합 $\mathbb{Z}$는 덧셈, 뺄셈, 곱셈 연산에 닫혀있습니다. $\mathbb{Z}_n$에서도 이들 연산을 정의할 수 있는데, 그 결과는 다시 $\mathbb{Z}_n$에 속하기 위해 모듈로 연산을 거칩니다. 가령 $\mathbb{Z}_{11}$ 공간에서부터 가져온 7과 9를 더한 결과는 5입니다.

$$(7+9) \ mod \ 11 = 5$$

나아가 다음과 같은 성질을 가집니다. 덧셈, 뺄셈, 곱셈 연산에 대해 분배법칙(distributive law)이 성립함을 알 수 있습니다.

$$(a+b) \ mod \ n = [(a \ mod \ n) + (b \ mod \ n)] \ mod \ n$$
$$(a-b) \ mod \ n = [(a \ mod \ n) - (b \ mod \ n)] \ mod \ n$$
$$(a \times b) \ mod \ n = [(a \ mod \ n) \times (b \ mod \ n)] \ mod \ n$$

덧셈에 대한 증명은 다음과 같습니다. 정수 $a$와 $b$를 $n$으로 나누면 저마다의 몫($q$)과 나머지($r$)를 얻을 수 있습니다.

$$a = nq_1 + r_1 (0 \leq r_1 < n, q_1 \in \mathbb{Z})$$
$$b = nq_2 + r_2 (0 \leq r_2 < n, q_2 \in \mathbb{Z})$$

본 식에서

$$
\begin{aligned}
&(a + b)\ mod\ n \\
&= (nq_1 + r_1 + nq_2 + r_2)\ mod\ n \\
&= (n \times (q_1 + q_2) + r_1 + r_2)\ mod\ n \\
&= (r_1 + r_2)\ mod\ n
\end{aligned}
$$

이며, 이때 $r_1 = a\ mod\ n$ 그리고 $r_2 = b\ mod\ n$이므로

$$r_1 + r_2 = (a\ mod\ n) + (b\ mod\ n)$$

입니다. 따라서

$$(a + b)\ mod\ n = [(a\ mod\ n) + (b\ mod\ n)]\ mod\ n$$

임이 증명됩니다. 동일한 흐름으로 뺄셈과 곱셈에 대한 증명도 가능합니다. 나눗셈에서는 분배법칙이 성립하지 않는다는 데 유의합니다. 다음은 정수 나눗셈에서 분배법칙이 성립하지 않는 예시입니다. 좌변은 연산의 결과가 0인 반면, 우변은 1입니다.

$$(7/3)\ mod\ 2 \neq [(7\ mod\ 2) / (3\ mod\ 2)]\ mod\ 2$$

그러나 나눗셈을 곱셈의 역산이라는 관점으로 바라보면 분배법칙을 적용할 수 있습니다. 다음의 $b^{-1}$은 $b$의 곱셈 역원입니다. 역원은 다음 절에서 자세히 살펴보겠습니다.

$$(a \times b^{-1})\ mod\ n = [(a\ mod\ n) \times (b^{-1}\ mod\ n)]\ mod\ n$$

## 역원

종종 어느 연산에 대한 역원(inverse element)이 필요할 때가 있습니다. 역원이 필수적이거나, 이를 사용하면 편리한 연산이 있습니다. $\mathbb{Z}_n$에서의 나눗셈을 떠올려 봅시다. 정수 나눗셈에서는 분배법칙이 성립하지 않습니다. 그러나 나눗셈을 곱셈의 역산이라는 관점으로 바라보면 분배법칙을 적용할 수 있습니다.

우선 덧셈 역원(additive inverse)을 살펴봅시다. $\mathbb{Z}_n$에서 가져온 두 정수 $a$와 $b$가 다음을 만족하면 서로 (덧셈에 대해) 역원 관계에 있다고 합니다. 나아가 어느 정수와 그 정수의 덧셈 역원을 더하면 $n$을 법으로 해서 0과 합동이라 말할 수 있습니다.

$$a + b \equiv 0(mod\ n)$$

다음과 같은 방법으로 덧셈 역원을 구할 수 있습니다.

$$b \equiv n - a(mod\ n)$$

지난 장에서 $\mathbb{Z}_n$이 뺄셈 연산에 닫혀있음을 보였습니다. 따라서 알려진 정수 $n$에 대해 위 식을 만족하는 임의의 $a$, $b$ 정수 쌍은 항상 존재합니다. 즉, 모든 정수는 덧셈 역원을 가집니다. 가령 $\mathbb{Z}_{10}$에서는 덧셈 역원 쌍을 총 여섯 개 찾을 수 있습니다((0, 0), (1, 9), (2, 8), (3, 7), (4, 6), (5, 5)). $\mathbb{Z}_{10}$이 가지는 모든 정수가 포함돼 있음에 주목합니다.

곱셈 역원(multiplicative inverse) 역시 비슷한 관점으로 바라볼 수 있습니다. $\mathbb{Z}_n$에서 가져온 두 정수 $a$와 $b$가 다음을 만족하면 서로 (곱셈에 대해) 역원 관계에 있다고 합니다. 어느 정수와 그 정수의 곱셈 역원을 곱하면 $n$을 법으로 해서 1과 합동이라 말할 수 있습니다.

$$a \times b \equiv 1(mod\ n)$$

그러나 덧셈과는 달리 곱셈에서는 모든 정수가 역원을 가지지 못할 수 있습니다. 가령 $\mathbb{Z}_{10}$에서는 (1, 1), (3, 7), (9, 9)의 세 곱셈 역원 쌍만이 존재합니다. 정수 0, 2, 4, 5, 6, 8은 곱셈 역원을 가지지 못합니다. 반면 $\mathbb{Z}_{11}$에서는 모든 정수가 곱셈 역원을 가집니다((1, 1), (2, 6), (3, 4), (5, 9), (7, 8), (10, 10)). 이러한 차이는 나중에 중요하게 다뤄질 것입니다.

흥미롭게도 $\mathbb{Z}_n$에서의 어느 정수 $a$가 곱셈 역원을 가지기 위한 필요충분조건은 $n$과 $a$의 최대공약수가 1일 때, 즉 $gcd(n, a)=1$인 경우뿐입니다. 이러한 $n$과 $a$를 서로소(relatively prime, coprime)라 합니다. 증명은 다음과 같습니다.

우선 $gcd(n, a)=1$이면 곱셈 역원이 있음을 보이겠습니다. 이를 위해 최대공약수를 다루는 정리 하나를 소개합니다. 임의의 양의 정수 $x$와 $y$가 존재할 때, 임의의 정수 $i$, $j$에 대해 양의 정수 $d=ix+jy$의 최솟값은 $gcd(x, y)$와 같습니다.[2] 따라서 $gcd(n, a)=1$에서 임의의 정수 $k$, $b$에 대해 $kn+ba=1$이 성립합니다.

$$kn + ba = 1 \Leftrightarrow ab = 1 + k'n \Leftrightarrow ab \equiv 1(mod\ n)$$

이때 $k' = (-k)$인 정수입니다. $a$와 $b$를 곱하면 $n$을 법으로 해서 1과 합동이므로 역원 관계에 있습니다.

다음은 곱셈 역원이 존재하면 $gcd(n, a)=1$임을 보이겠습니다. 정수 $a$에 대해 $ab \equiv 1(mod\ n)$를 만족하는 곱셈 역원 $b$가 존재합니다. 따라서 임의의 정수 $k$에 대해 $ab \equiv 1(mod\ n) \Leftrightarrow ab = kn + 1$입니다. 이때 $b$를 $i$로, $k$를 $(-j)$로 취급하면 $ab = kn + 1 \Leftrightarrow ia + jn = 1$입니다. 위에서 소개한 정리로부터 임의의 정수 $i$, $j$에 대해 $ia+jn$의 최솟값은 $gcd(n, a)$와 같음을 알 수 있고, 따라서 $gcd(n, a)=1$입니다.

곱셈 역원은 주어진 $\mathbb{Z}_n$에서 유일(unique)합니다. 이에 대한 증명은 다음과 같습니다. 어느 정수 $a$에 대해 $xa \equiv ya(mod\ n)$를 만족하는 서로 다른 두 정수 $x$와 $y$가 있다고 가정해봅시다. 이들은 $0 \le x, y \le m - 1$의 범위를 가집니다. 준 식은 $(x - y)a \equiv 0(mod\ n)$으로 정리할 수 있고, 임의의 정수 $k$에 대해 $(x-y)a=kn$이라 할 수 있습니다. 이때 $n$과 $a$는 서로소이므로 필연적으로 $(x-y)$가 $n$의 배수라는 결론이 도출됩니다. 그러나 $x$와 $y$는 음수가 아니면서 $n$보다 작은 서로 다른 정수이므로 이는 모순입니다. 따라서 곱셈 역원은 유일합니다.

$\mathbb{Z}_n$에서 곱셈 역원을 가지는 정수만을 모은 부분집합을 생각할 수 있습니다. 이를 $\mathbb{Z}_n^*$이라 칭합니다. 따라서 덧셈 역원이 필요한 경우 $\mathbb{Z}_n$을, 곱셈 역원이 필요한 경우 $\mathbb{Z}_n^*$을 고려합니다. 다음은 일부 $\mathbb{Z}_n$ 및 $\mathbb{Z}_n^*$의 예시입니다.

$$\begin{aligned} &\mathbb{Z}_6 = \{0, 1, 2, 3, 4, 5\} && \mathbb{Z}_6^* = \{1, 5\} \\ &\mathbb{Z}_{10} = \{0, 1, 2, 3, 4, 5, 6, 7, 8, 9\} && \mathbb{Z}_{10}^* = \{1, 3, 7, 9\} \\ &\mathbb{Z}_{11} = \{0, 1, 2, 3, 4, 5, 6, 7, 8, 9, 10\} && \mathbb{Z}_{11}^* = \{1, 2, 3, 4, 5, 6, 7, 8, 9, 10\} \end{aligned}$$

이 밖에 암호학에서는 다음의 두 집합 $\mathbb{Z}_p$와 $\mathbb{Z}_p^*$을 자주 사용합니다. 이는 법으로 하는 $n$이 소수임을 의미합니다. 상기 예시에서 $\mathbb{Z}_{11}$과 $\mathbb{Z}_{11}^*$이 이에 해당합니다.

---

2 $d=ix+jy$로부터 모든 $x$와 $y$의 공약수들은 $d$의 약수임이 자명하므로 $d \ge gcd(x, y)$입니다—(1). 또한 $h=\lfloor x/d \rfloor$라 할 때, $x\ mod\ d=x-hd=x-h(ix+jy)=(1-hi)x+(-hj)y=i'x+j'y$입니다. 여기서 $i'=(1-hi)$ 그리고 $j'=(-hj)$인 정수입니다. $d$가 $ix+jy$ 꼴로 구할 수 있는 가장 작은 양의 정수이므로 $x\ mod\ d=0$이어야 합니다. 즉, $x$는 $d$의 배수입니다. 비슷한 방법으로 $y$에 대해 정리하면 $y$ 역시 $d$의 배수임을 알 수 있습니다. 따라서 $d$는 $x$와 $y$의 공약수이며 $d \le gcd(x, y)$ 입니다—(2). 따라서 (1)과 (2)에 의해 $d=gcd(x, y)$입니다.

# 02 대수 구조

암호학에서는 정수의 집합과 그것들 사이에서 정의되는 연산이 필요합니다. 일련의 연산들이 주어진 집합을 대수 구조(algebraic structure)라 합니다. 이번 절에서는 자주 활용되는 대수 구조인 군(group), 환(ring), 체(fields)에 대해 알아봅니다.

## 군

군(group)은 가장 기초적인 대수 구조로서 하나의 이항연산(binary operation)만 가집니다. 군의 원소 집합을 '$G$', 군의 연산을 '●'이라 할 때, 군은 $<G, \bullet>$으로 표기합니다. 군은 다음의 네 가지 공리를 만족합니다.

1. 이항연산 '●'에 닫혀있다(closure).
2. 이항연산 '●'에 대해 결합법칙(associativity)이 성립한다.
3. 이항연산 '●'에 대해 항등원(identity)이 존재한다.
4. 이항연산 '●'에 대해 역원(inverse)이 존재한다.

결합법칙이란 한 식에서 연산이 두 번 이상 연속될 때 연산 계산의 순서가 달라도 그 결과는 동일하다는 법칙입니다. 즉 임의의 원소 $r$, $s$, $t$에 대해 $r \bullet s \bullet t = (r \bullet s) \bullet t = r \bullet (s \bullet t)$이 성립함을 뜻합니다.

참고로 공리 1과 2만 만족한다면 이를 반군(semigroup)이라 합니다. 1, 2, 3을 만족한다면 모노이드(monoid)라 합니다. 1부터 4까지를 모두 만족해야 군이 됩니다.

또한 군의 네 가지 공리와 더불어 교환법칙(commutativity)까지 성립한다면 이를 아벨군(abelian group) 혹은 가환군(commutative group)이라 합니다.[3] 교환법칙이란 이항연산의 결과가 두 원소의 순서에 관계가 없다는 법칙입니다. 아벨군의 이항연산은 흔히 '+'으로 표기합니다. 이 기호는 통상의 덧셈을 의미하지 않습니다.

군 $<\mathbb{Z}_n, +>$은 위 네 가지 공리를 모두 만족하고 교환법칙까지 성립하므로 아벨군입니다. 그러나 $<\mathbb{Z}_n, \times>$은 어느 원소에 대해 역원이 없을 수 있으므로 군이 아닙니다. 한편 $<\mathbb{Z}_n^*, +>$은 닫혀있지 않으므로 군이 아니며 $<\mathbb{Z}_n^*, \times>$은 아벨군입니다.

3 노르웨이의 수학자 닐스 헨리크 아벨(Niels Henrik Abel, 1802~1829)의 이름을 땄습니다.

### 군의 위수

군의 위수(order)는 $|G|$로 표기하며 군의 원소의 개수를 의미합니다.

### 부분군

부분군(subgroup)은 어느 군의 원소의 부분집합을 원소로 가지며, 본래의 군과 동일한 연산을 가집니다. 집합과 부분집합의 관계를 떠올려 봅시다. 모든 집합이 자기 자신 및 공집합(empty set)을 반드시 부분집합으로 갖는 것처럼, 모든 군은 자기 자신 및 항등원을 부분군으로 가집니다.

부분군은 본래의 군과 동일한 연산을 가져야 한다는 데 주의합니다. 예를 들어 군 $H = < \mathbb{Z}_{10}, + >$는 군 $G = < \mathbb{Z}_{12}, + >$의 부분군이 아닙니다. 비록 $\mathbb{Z}_{10} \subset \mathbb{Z}_{12}$이지만 두 군의 연산은 서로 다릅니다. 전자는 $\mathbb{Z}_{10}$에서의 덧셈이지만 후자는 $\mathbb{Z}_{12}$에서의 덧셈입니다. 즉, 전자에서는 $3 + 8 \equiv 1 (mod\ 10)$이지만 후자에서는 $3 + 8 \equiv 11 (mod\ 12)$입니다.

### 순환부분군

순환부분군(cyclic subgroup)은 어느 군에 속한 한 원소의 거듭제곱으로부터 만들어지는 부분군입니다. 거듭제곱은 다음과 같이 정의됩니다.

$$g^n = g \bullet g \bullet \cdots \bullet g (n\ times)$$

어느 군 $G$의 원소 $g \in G$가 생성하는 순환부분군은 다음과 같습니다.

$$< \{e, g, g^2, \cdots, g^{n-1}\}, \bullet >, where\ g^n = e$$

기호로는 $\langle g \rangle$로 표기합니다. 가령 $G = < \mathbb{Z}_6, + >$으로부터 생성되는 네 가지 순환부분군은 다음과 같습니다. 형태는 거듭제곱 꼴이나 실제 연산은 $\mathbb{Z}_6$에서의 덧셈임에 주의합니다. 즉, $4^2\ mod\ 6 = (4+4)\ mod\ 6 = 2$입니다.

$$H_1 = < \{0\}, + >$$
$$H_2 = < \{0, 2, 4\}, + >$$
$$H_3 = < \{0, 3\}, + >$$
$$H_4 = G$$

반면, $G = <\mathbb{Z}_{10}^{*}, \times>$으로부터 생성되는 순환부분군은 다음과 같습니다.

$$H_1 = < \{1\}, \times >$$
$$H_2 = < \{1, 9\}, \times >$$
$$H_3 = G$$

만일 $\langle g \rangle$와 $G$가 동일하다면 $G$를 순환군(cyclic group)이라 합니다. 이때 원소 $g$를 생성원(generator)이라 합니다. 위 예시에서 $G = <\mathbb{Z}_6, +>$의 생성원은 1과 5이며, $G = <\mathbb{Z}_{10}^{*}, \times>$의 생성원은 3과 7입니다. 한 순환군에서 여러 생성원을 가질 수 있습니다.

#### 원소의 위수

앞에서 언급했듯이 군의 위수는 그 군의 원소의 개수를 의미합니다. 그러나 원소의 위수는 그 원소가 생성하는 순환부분군의 위수를 의미합니다. 기호로는 $ord(g)$와 같이 표기합니다. 가령 $G = <\mathbb{Z}_{10}^{*}, +>$의 각 원소에 대한 위수는 다음과 같습니다.

$$ord(0) = 1, ord(1) = 6, ord(2) = 3, ord(3) = 2, ord(4) = 3, ord(5) = 6$$

한편 $G = <\mathbb{Z}_{10}^{*}, \times>$의 각 원소에 대한 위수는 다음과 같습니다.

$$ord(1) = 1, ord(3) = 4, ord(7) = 4, ord(9) = 2$$

#### 라그랑주 정리

라그랑주 정리(Lagrange's theorem)는 "부분군의 크기는 본래 군의 크기의 약수"임을 말합니다. 어느 군 $G$에 대해 부분군 $H$가 있을 때 $|H|$가 $|G|$의 약수입니다. 라그랑주 정리에 따라 각 원소의 위수는 군의 위수의 약수가 됩니다.

## 환

환(ring)은 두 개의 이항연산을 가지는 대수 구조입니다. 환의 원소 집합을 'R', 환의 연산을 '●' 및 'ㅁ'이라 할 때, 환은 $<R,$ ●, ㅁ$>$으로 표기합니다. 환은 다음과 같은 공리를 만족합니다.

이항연산 '●'에 대해

1. 이항연산 '●'에 닫혀있다.
2. 이항연산 '●'에 대해 결합법칙이 성립한다.
3. 이항연산 '●'에 대해 교환법칙이 성립한다.
4. 이항연산 '●'에 대해 항등원($0$ 또는 $0_R$)이 존재한다.
5. 이항연산 '●'에 대해 역원이 존재한다.

즉, $<R, \bullet>$은 아벨군입니다. 이어 이항연산 '□'에 대해

1. 이항연산 '□'에 닫혀있다.
2. 이항연산 '□'에 대해 결합법칙이 성립한다.

즉, $<R, \square>$은 반군입니다. 나아가 다음을 만족합니다.

1. 이항연산 '●'에 대한 '□'의 분배법칙(distributive)이 성립한다.

"이항연산 '●'에 대한 '□'의 분배법칙"이란 임의의 원소 $r, s, t$에 대해 $r \square (s \bullet t) = (r \square s) \bullet (r \square t)$인 좌분배법칙(left-distributive)과 $(s \bullet t) \square r = (s \square r) \bullet (s \square t)$인 우분배법칙(right-distributive)이 성립함을 뜻합니다.

혹자는 상기한 공리들을 만족하는 대수 구조를 유사환(rng 또는 pseudoring)으로 엄밀히 구분하며, 이항연산 '□'에 대해 항등원($1$ 또는 $1_R$)이 존재하는 경우에만 환으로 취급하기도 합니다. 단위화 과정을 통해 유사환을 환(단위환)으로 표준화할 수 있습니다.

항등원이 존재하는 환에서 $<R, \square>$은 모노이드입니다.

또한 위 공리들과 더불어 이항연산 '□'에 대해 교환법칙(commutativity)까지 성립한다면 이를 가환환(commutative ring)이라 합니다. 가환환은 흔히 $<R, +, \bullet>$으로 표기합니다. 이 기호는 통상의 덧셈 및 곱셈을 의미하지 않습니다. 가령 환 $<\mathbb{Z}, +, \times>$은 위 공리들을 모두 만족하고, '×'에 대해 교환법칙까지 성립하므로 가환환입니다.

만일 환에서 모든 0이 아닌 원소가 '□'에 대해 역원을 가지면 이를 나눗셈환(division ring)이라 합니다. 어느 환이 가환환이자 나눗셈환이면 이어서 살펴볼 체가 됩니다.

## 체

체(field)는 쉽게 말해 덧셈, 뺄셈, 곱셈, 나눗셈의 사칙연산을 소화할 수 있는 대수 구조입니다. 체의 원소 집합을 '$F$', 체의 연산을 '●' 및 '□'이라 할 때 체는 <$F$, ●, □>으로 표기합니다. 체는 다음과 같은 공리를 만족합니다.

이항연산 '●'에 대해

1. 이항연산 '●'에 닫혀있다.
2. 이항연산 '●'에 대해 결합법칙이 성립한다.
3. 이항연산 '●'에 대해 교환법칙이 성립한다.
4. 이항연산 '●'에 대해 항등원(0)이 존재한다.
5. 이항연산 '●'에 대해 역원이 존재한다.

즉, <$F$, ●>은 아벨군입니다. 이어 이항연산 '□'에 대해

1. 이항연산 '□'에 닫혀있다.
2. 이항연산 '□'에 대해 결합법칙이 성립한다.
3. 이항연산 '□'에 대해 교환법칙이 성립한다.
4. 이항연산 '□'에 대해 항등원(1)이 존재한다.
5. 0이 아닌 모든 원소에서 이항연산 '□'에 대해 역원이 존재한다.

즉, 0이 아닌 모든 원소들의 집합($F^*$)에서 <$F^*$, □>은 아벨군입니다. 나아가 다음을 만족합니다.

1. 이항연산 '●'에 대한 '□'의 분배법칙이 성립한다.

다른 관점에서 체 <$F$, ●, □>는 가환환인 나눗셈환입니다.

유한체(finite field) 또는 갈루아체(Galois field)라 불리는 대수 구조는 유한개의 원소로 한정된 체입니다.[4] 이 유한체는 암호학에서 널리 활용됩니다. 갈루아는 체가 유한하기 위해 원소의 개수가 소수의 거듭제곱 꼴, 즉 소수 $p$와 양의 정수 $n$에 대해 $p^n$이어야 함을 밝힌 바 있습니다.

4 에바리스트 갈루아(Évariste Galois, 1811~1832)는 프랑스의 수학자입니다.

유한체는 $GF(p^n)$으로 표기합니다. 만일 $n=1$인 경우 $GF(p)$ 체를 가지며, 이는 곧 $\mathbb{Z}_p = \{0, 1, \cdots, p-1\}$과 덧셈 및 곱셈으로 구성된 대수 구조를 의미합니다.

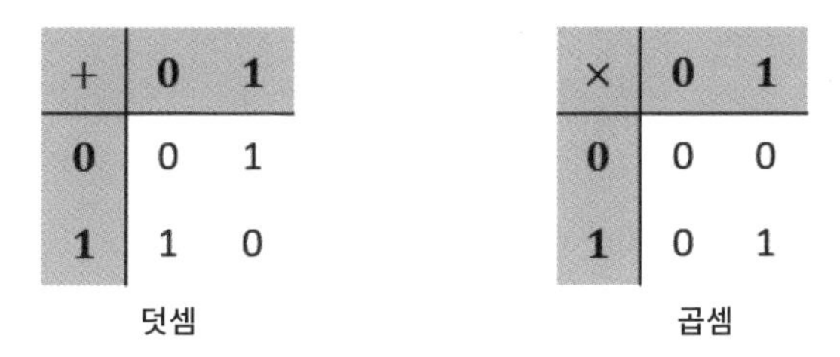

| + | 0 | 1 |
|---|---|---|
| **0** | 0 | 1 |
| **1** | 1 | 0 |

덧셈

| × | 0 | 1 |
|---|---|---|
| **0** | 0 | 0 |
| **1** | 0 | 1 |

곱셈

**그림 3.3** $GF(2)$에서의 연산

이 밖에 자주 활용되는 체로 $GF(2) = <\{0,1\}, +, \times>$가 있습니다. 흥미롭게도 $GF(2)$에서의 덧셈 및 뺄셈은 XOR 연산에 해당하며, 곱셈 및 나눗셈은 AND 연산에 해당합니다.

유한체에서 곱셈이 잘 정의되므로 어느 수의 거듭제곱을 생각할 수 있습니다. 이런 연산을 이산 거듭제곱(discrete exponentiation)이라 합니다. 가령 $GF(7)$에서 3의 5제곱을 생각해봅시다. 3의 5제곱을 계산해보면 $3^5=243$이고, $243 \ mod \ 7=5$이므로 $\mathbb{Z}_7$에서 $3^5=5$입니다.

이산 거듭제곱을 정의하면 자연스럽게 이산 로그(이산 대수, discrete logarithm)를 생각할 수 있습니다. 가령 $3^k \equiv 5 \ (mod \ 7)$을 만족하는 가장 작은 정수 $k$는 $\mathbb{Z}_7$에서 밑이 3인 5의 이산 로그 값입니다. 본 예시에서는 5에 해당합니다. 나중에 살펴보겠지만 $GF(p)$에서 소수 $p$가 충분히 크면 이산 로그를 구하기가 어렵다는 점을 이용해 암호 시스템을 구축할 수 있습니다. 이를 이산 로그 문제(DLP, Discrete Logarithm Problem)라 합니다.

# 03 소수

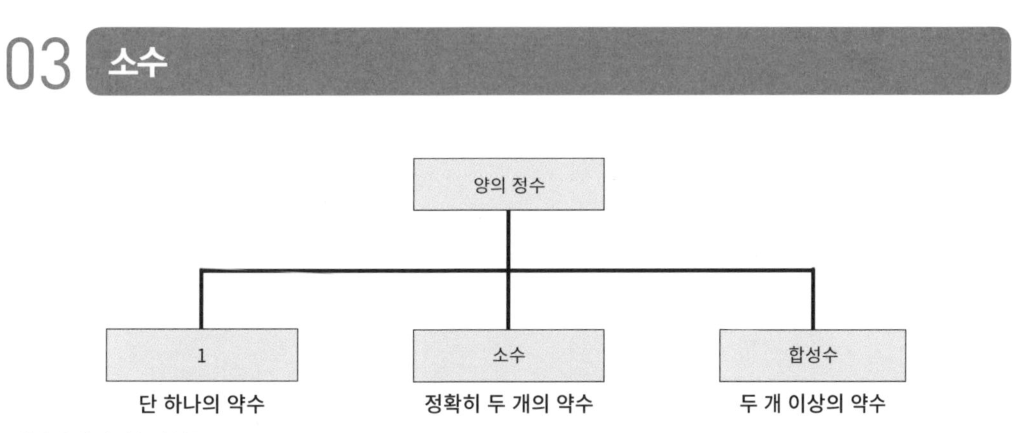


**그림 3.4** 양의 정수의 분류

양의 정수를 분류하는 방법은 다양합니다만 약수(divisor)의 개수를 기준으로 크게 세 부류로 나눌 수 있습니다. 단 하나의 약수를 가지는 정수는 오직 1 하나이며, 정확히 두 개의 약수를 가지는 정수는 소수(prime), 그 이상의 약수를 가지는 정수는 합성수(composite)라 칭합니다.

좀 더 엄밀하게 정의하자면 소수는 자기 자신과 1만을 약수로 가지는 수입니다. 소수는 그 자체의 고유한 특성 덕분에 암호학에서 널리 활용됩니다. 이번 장에서는 소수의 특성 및 활용, 나아가 소인수분해를 포함한 수학적 배경지식을 학습합니다.

소수의 개수가 무한하다는 것은 이미 오래전에 증명됐습니다. 유클리드의 정리(Euclid's theorem)는 무한한 수의 소수가 존재한다는 것을 밝히고 있습니다.[5]

소수가 유한하다($p_1, p_2, \cdots, p_n$)고 가정해봅시다. 이 소수들을 모두 곱하고 1을 더한 수 $p=p_1 p_2 \cdots p_n+1$을 생각할 수 있습니다. 이 $P$는 $n$개의 어떠한 소수로도 나눠지지 않습니다. 따라서 $P$는 새로운 소수이거나, $p_1, p_2, \cdots, p_n$이 아닌 새로운 소수를 약수로 가집니다. 이는 모순이므로 소수는 무한하다는 것이 귀류법으로 증명됩니다.[6]

그 대신 특정 범위에서 소수가 몇 개인지는 셀 수 있습니다. $n$보다 작거나 같은 소수의 개수를 반환하는 함수 $\pi(n)$를 생각해봅시다. 이를 소수 계량 함수라 하며, 소수 정리(PNT, Prime Number Theorem)와도 관계됩니다. 다음은 서로 다른 $n$에 대한 $\pi(n)$의 예시입니다.

$$\pi(1) = 0$$
$$\pi(2) = 1$$
$$\pi(3) = 2$$
$$\pi(10) = 4$$
$$\pi(100) = 25$$

르장드르는 다음 식이 성립할 것으로 추측했습니다.[7]

$$\pi(x) \sim \frac{x}{A \ln x + B}$$

이때 $A=1$, $B=-1.08366$입니다. 또한 다음과 같은 사실이 알려져 있습니다.

5 유클리드(Euclid) 또는 에우클레이데스(Εὐκλείδης)는 기원전 300년경의 수학자입니다.

6 귀류법(歸謬法, Reductio ad absurdum)은 증명하려는 명제의 부정을 가정했을 때 모순이 나옴을 보여 원래의 명제가 참임을 증명하는 방법입니다.

7 아드리앵마리 르장드르(Adrien-Marie Legendre, 1752~1833)는 프랑스의 수학자입니다.

$$\frac{x}{\ln x} < \pi(x) < \frac{x}{\ln x - 1.08366}$$

가령 1,000,000보다 작은 소수의 개수를 추측해봅시다. 위 식에 따르면 72,383에서 78,543 사이의 범위를 가진다는 사실을 알 수 있습니다. 참고로 실제 개수는 78,498입니다.

어느 수가 소수인지 아닌지를 판정하기란 쉬운 일이 아닙니다. 우선 그 수보다 작은 모든 소수로 나눠지는지 확인해볼 수 있습니다. 그러나 이 방법은 상당히 비효율적입니다. 더 효율적인 방법으로 어떤 수 $n$에 대해 $\lfloor\sqrt{n}\rfloor$보다 작거나 같은 소수만 따져볼 수 있습니다. 가령 97은 $\lfloor\sqrt{97}\rfloor = 9$보다 작거나 같은 소수인 2, 3, 5, 7로 나누어떨어지지 않으므로 소수입니다. 그러나 301은 $\lfloor\sqrt{301}\rfloor = 17$보다 작거나 같은 소수 중 7로 나누어떨어지므로 소수가 아닙니다.

| | 2 | 3 | 4 | 5 | 6 | 7 | 8 | 9 | 10 |
|---|---|---|---|---|---|---|---|---|---|
| 11 | 12 | 13 | 14 | 15 | 16 | 17 | 18 | 19 | 20 |
| 21 | 22 | 23 | 24 | 25 | 26 | 27 | 28 | 29 | 30 |
| 31 | 32 | 33 | 34 | 35 | 36 | 37 | 38 | 39 | 40 |
| 41 | 42 | 43 | 44 | 45 | 46 | 47 | 48 | 49 | 50 |
| 51 | 52 | 53 | 54 | 55 | 56 | 57 | 58 | 59 | 60 |
| 61 | 62 | 63 | 64 | 65 | 66 | 67 | 68 | 69 | 70 |
| 71 | 72 | 73 | 74 | 75 | 76 | 77 | 78 | 79 | 80 |
| 81 | 82 | 83 | 84 | 85 | 86 | 87 | 88 | 89 | 90 |
| 91 | 92 | 93 | 94 | 95 | 96 | 97 | 98 | 99 | 100 |

: 2의 배수
: 3의 배수
: 5의 배수
: 7의 배수

그림 3.5 에라토스테네스의 체

'에라토스테네스의 체'는 직관적이면서도 강력한 소수 판정법입니다. 자연수를 나열한 뒤, 1 그리고 합성수를 차례로 지워나가면 소수만 남게 됩니다. 가령 100까지의 자연수 중 소수를 구하려면 $\lfloor\sqrt{100}\rfloor = 10$이므로 2, 3, 5, 7의 배수를 지우면 됩니다.

## 오일러 피 함수

오일러 피 함수(Euler's phi function 또는 Euler's totient function)는 $n$보다 작고 $n$과 서로소인 정수의 개수를 반환합니다. $\phi(n)$으로 표기합니다.

$\phi(n)$은 다음과 같은 성질을 가집니다.

1. $\phi(1)=0$
2. 임의의 소수 $p$에 대해 $\phi(p)=p-1$
3. $m$과 $n$이 서로소일 때 $\phi(m\times n)=\phi(m)\times\phi(n)$
4. 임의의 소수 $p$에 대해 $\phi(p^e)=p^e-p^{e-1}$

위 네 가지 정리를 조합해서 $\phi(n)$의 계산을 도울 수 있습니다. 가령 $n$이 $n = p_1^{e_1} \times p_2^{e_2} \times \cdots \times p_k^{e_k}$으로 소인수분해된다고 할 때, $\phi(n)$은 다음과 같이 계산됩니다.

$$\phi(n) = (p_1^{e_1} - p_1^{e_1-1}) \times (p_2^{e_2} - p_2^{e_2-1}) \times \cdots \times (p_k^{e_k} - p_k^{e_k-1})$$

따라서 $\phi(n)$ 계산의 난이도는 $n$의 소인수분해에 달려있다고 해도 과언이 아닙니다.

이전 장에서 $\mathbb{Z}_n$으로부터 곱셈 역원을 가지는 정수만 모아 $\mathbb{Z}_n^*$을 만든 바 있습니다. 또한 $\mathbb{Z}_n$에서의 어느 정수 $a$가 곱셈 역원을 가지기 위한 필요충분조건은 $gcd(n, a)=1$임을 보였습니다. 따라서 $\mathbb{Z}_n^*$의 원소의 개수는 $\mathbb{Z}_n$의 원소이면서 $n$과 서로소인 정수의 개수입니다. 즉, $\phi(n)$과 같습니다. 가령 $\mathbb{Z}_{14}^* = \{1, 3, 5, 9, 11, 13\}$의 원소의 개수는 $\phi(14) = \phi(7) \times \phi(2) = 6 \times 1 = 6$개입니다.

오일러 피 함수는 나중에 기술할 비대칭키 암호 시스템인 'RSA 암호'의 핵심 요소이기도 합니다.

## 페르마의 소정리

페르마의 소정리(Fermat's little theorem)는 $p$가 소수이고 $a$가 $p$의 배수가 아니면 $a^{p-1}\equiv1(mod\ p)$를 만족한다는 정리입니다. 자명하게 $a^p\equiv a(mod\ p)$와 동치입니다. 페르마의 소정리는 다양하게 활용되는데, 가령 본 명제는 어떤 수가 소수일 필요조건이므로 소수 후보를 추려낼 수 있습니다. 다만 충분조건은 아니므로 소수 판정법은 아닙니다.

또한 거듭제곱 계산을 빠르게 할 수 있습니다. $3^{111}\ mod\ 11$을 직접 계산하지 않고 다음과 같은 방법으로 구할 수 있습니다.

$$
\begin{aligned}
&3^{111}\ mod\ 11\\
&= ((3^{11})^{10} \times 3)\ mod\ 11\\
&= ((3^{11})^{10}\ mod\ 11) \times (3\ mod\ 11)\\
&= (3^{11}\ mod\ 11)^{10} \times (3\ mod\ 11)\\
&= (3\ mod\ 11)^{10} \times (3\ mod\ 11)\\
&= (3^{10} \times 3)\ mod\ 11\\
&= 3^{11}\ mod\ 11\\
&= 3
\end{aligned}
$$

페르마의 소정리는 $p$를 법으로 해서 1과 합동인 식을 다루므로 곱셈 역원을 찾는 데 활용할 수 있습니다. $p$가 소수이고 $a$가 $p$의 배수가 아닐 때 $a$의 곱셈 역원 $a^{-1}$은 $a^{-1} \equiv a^{p-2}(mod\ p)$입니다. $a \times a^{-1} = a \times a^{p-2} = a^{p-1}\ mod\ p = 1\ mod\ p$로 간단히 증명됩니다.

오일러의 정리(Euler's theorem)는 페르마의 소정리를 일반화한 것입니다. 임의의 정수 $a$와 $n$이 서로소일 때, $a^{\phi(n)} \equiv 1(mod\ n)$을 만족한다는 정리입니다. 이를 좀 더 일반화하면 임의의 정수 $k$에 대해 $a^{k \times \phi(n)+1} \equiv a(mod\ n)$임을 보일 수 있는데, 이는 RSA 암호 시스템을 구축하는 핵심 요소입니다.

오일러의 정리도 거듭제곱 계산 및 곱셈 역원을 찾는 데 활용할 수 있으며, 다만 오일러 피 함수 계산의 난이도가 $n$의 소인수분해에 달려있으므로 주의해야 합니다.

## 04 이산 로그

일반 로그(logarithm, log)의 지수함수적 정의를 살펴보면 "$a>0$, $a \neq 1$이고 $y>0$일 때, $x$, $y$ 사이에 $y=a^x$라는 관계가 있으면 $log_a y = x$"입니다. 밑(base) $a$에 대한 조건이 주어져야 한다는 데 주목합니다.

한편 이산 로그(discrete logarithm)는 이산 거듭제곱(discrete exponentiation)으로부터 정의할 수 있습니다. 마찬가지로 $y=a^x$를 만족하는, 혹은 합동식 꼴의 $y \equiv a^x(mod\ n)$을 만족하는 군의 원소 $x$를 구하는 것이 목적입니다. 그러나 이산 로그의 밑 $a$에 대한 조건은 더 까다롭습니다.

오일러의 정의를 떠올려 봅시다. 임의의 정수 $a$와 $n$이 서로소일 때, $a^{\phi(n)} \equiv 1(mod\ n)$을 만족한다는 것이 알려져 있습니다. 즉, $a$와 $n$이 서로소일 때 $a^i \equiv 1(mod\ n)$을 만족하는 어느 정수 $i$가 반드시 존재합니다.

| a \ i | 1 | 2 | 3 | 4 | 5 | 6 | 7 |
|---|---|---|---|---|---|---|---|
| 1 | $x=1$ | $x=1$ | $x=1$ | $x=1$ | $x=1$ | $x=1$ | $x=1$ |
| 3 | $x=3$ | $x=1$ | $x=3$ | $x=1$ | $x=3$ | $x=1$ | $x=3$ |
| 5 | $x=5$ | $x=1$ | $x=5$ | $x=1$ | $x=5$ | $x=1$ | $x=5$ |
| 7 | $x=7$ | $x=1$ | $x=7$ | $x=1$ | $x=7$ | $x=1$ | $x=7$ |

: $ord(a)$

: $\phi(8)=4$

그림 3.6 $G=<\mathbb{Z}_8^*, \times>$에서의 $a^i \equiv x(mod\ 8)$의 계산

그러나 이를 만족하는 $i$ 중 가장 작은 값이 $\phi(n)$일 필요는 없습니다. 가령 $G=<\mathbb{Z}_8^*, \times>$에서의 $a^i \equiv x(mod\ 8)$를 계산해보면 모든 원소가 $\phi(8)=4$보다 작은 $i$에서 $x=1$이 된다는 사실을 알 수 있습니다. 사실 이 $i$의 최솟값은 원소의 위수와 같으므로 $ord_n(a)$로 표기합니다.[8]

만일 원소의 위수와 $\phi(n)$가 같은 경우, 즉 $ord_n(a)=\phi(n)$이라면 이때의 원소 $a$를 군의 원시근(primitive root 또는 primitive element)이라 합니다. 따라서 위의 $G=<\mathbb{Z}_8^*, \times>$에서는 원시근이 존재하지 않습니다.

| a \ i | 1 | 2 | 3 | 4 | 5 | 6 |
|---|---|---|---|---|---|---|
| 1 | $x=1$ | $x=1$ | $x=1$ | $x=1$ | $x=1$ | $x=1$ |
| 2 | $x=2$ | $x=4$ | $x=1$ | $x=2$ | $x=4$ | $x=1$ |
| 3 | $x=3$ | $x=2$ | $x=6$ | $x=4$ | $x=5$ | $x=1$ |
| 4 | $x=4$ | $x=2$ | $x=1$ | $x=4$ | $x=2$ | $x=1$ |
| 5 | $x=5$ | $x=4$ | $x=6$ | $x=2$ | $x=3$ | $x=1$ |
| 6 | $x=6$ | $x=1$ | $x=6$ | $x=1$ | $x=6$ | $x=1$ |

: $ord(a)$

: $\phi(7)=6$

그림 3.7 $G=<\mathbb{Z}_7^*, \times>$에서의 $a^i \equiv x(mod\ 7)$의 계산

반면 $G=<\mathbb{Z}_7^*, \times>$에는 두 개의 원시근이 존재합니다.[9]

이제 이산 로그의 밑에 대한 조건을 논할 수 있습니다. $y \equiv a^x(mod\ n)$에서 $a$가 원시근일 경우에만 전단사 함수가 되므로 이산 거듭제곱으로부터 이산 로그를 정의할 수 있습니다.[10] 따라서 이산 로그의 밑은 원시근이어야 합니다.

8 $x=1$에 $a$를 곱하면 다시 $a$가 되므로

9 원시근은 홀수인 소수 $p$에 대해 법 $n$이 $n=2, 4, p^t, 2p^t$인 경우에만 존재한다는 것이 증명됐습니다. 또한 원시근의 총 개수는 $\phi(\phi(n))$개입니다.

10 전단사 함수(bijective function)는 전사이면서 동시에 단사인 함수를 의미하며, 두 집합 $X$와 $Y$ 사이의 함수 $f:X \to Y$에 대해 다음을 만족합니다. "임의의 $x \in X$에 대해 $f(x)=y$인 $y$가 유일하게 존재한다". 중복 및 남김없이 일대일로 대응하므로, 곧 '일대일 대응'이라고도 합니다.

| $y$ | 1 | 2 | 3 | 4 | 5 | 6 |
|---|---|---|---|---|---|---|
| $L_3 y$ | 6 | 2 | 1 | 4 | 5 | 3 |
| $L_5 y$ | 6 | 4 | 5 | 2 | 1 | 3 |

그림 3.8 $G = < \mathbb{Z}_7^*, \times >$에서의 이산 로그 표

$G = < \mathbb{Z}_7^*, \times >$에서의 이산 로그가 두 개의 원시근 3과 5에서 정의된다는 것에 주목합니다. 이산 로그 표로부터 빠르게 이산 로그 값을 구할 수 있습니다. 가령 $L_3\ 4\ mod\ 7 = 4$이며, $L_5\ 6\ mod\ 7 = 3$입니다. $4 \equiv 3^4\ (mod\ 7)$과 $6 \equiv 5^3\ (mod\ 7)$로부터 쉽게 검증됩니다.

그러나 참조할 표가 없는 경우의 이산 로그 값은 시행착오를 통해 구해야만 합니다. 아직 이산 로그를 유의미한 효율성을 보이면서 계산할 수 있는 알고리즘은 알려져 있지 않습니다. 이산 거듭제곱의 계산은 쉬우나 그 역에 해당하는 이산 로그의 계산은 어려운 일방향 함수(one-way function)의 특징으로부터 암호 시스템을 구축할 수 있습니다.[11]

## 05 실습

지금까지의 구현체는 블록을 생성하고 블록체인을 업데이트하는 데 비용이 들지 않습니다.[12] 누구나 블록을 생성할 수 있으므로 원장 간 불일치가 빈번히 발생하고 네트워크를 동기화하기가 어렵습니다.

이제 무분별하고 악의적인 활동을 방지하기 위해 블록 생성에 비용을 청구하고, 특정 노드에게만 블록 생성 권한을 부여하고자 합니다. 즉, 합의 알고리즘을 구현합니다. 좀 더 구체적으로 설명하자면 작업 증명(PoW, Proof-of-Work)을 통해 합의를 달성할 것입니다.

### 작업 증명

작업 증명을 위해 블록 구조에 난이도(difficulty)와 논스(nonce)로 정의되는 두 요소를 추가합니다. 블록 구조는 다음과 같이 변경됩니다.

11 이하 내용은 일방향 함수(one-way function)가 존재한다는 가정하에서 논의됩니다.

12 실제 금전적인 비용뿐만 아니라 시간이나 컴퓨터 자원, 심지어 기회비용이나 위험부담 등을 포괄합니다.

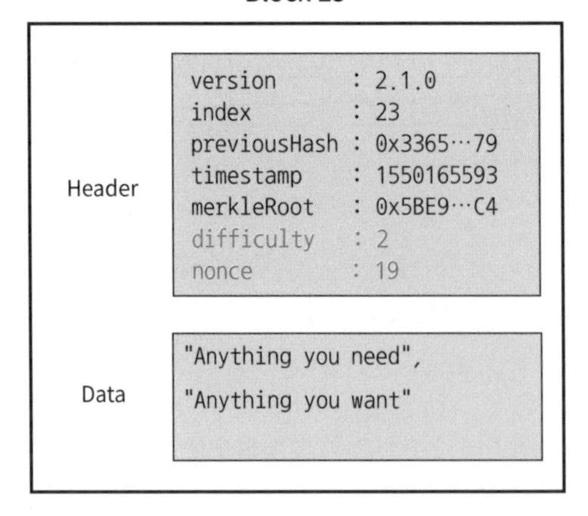


그림 3.9 수정된 블록 구조

이를 코드로 나타내면 다음과 같습니다.

예제 3.1 수정된 블록 구조

```
class BlockHeader {
    constructor(version, index, previousHash, timestamp, merkleRoot, difficulty, nonce) {
        this.version = version;
        this.index = index;
        this.previousHash = previousHash;
        this.timestamp = timestamp;
        this.merkleRoot = merkleRoot;
        this.difficulty = difficulty;
        this.nonce = nonce;
    }
}

class Block {
    constructor(header, data) {
        this.header = header;
        this.data = data;
    }
}
```

더불어 하드코딩한 제네시스 블록의 정보도 업데이트해야 합니다.

예제 3.2 수정된 제네시스 블록

```
function getGenesisBlock() {
    const version = "1.0.0";
    const index = 0;
    const previousHash = '0'.repeat(64);
    const timestamp = 1231006505; // 01/03/2009 @ 6:15pm (UTC)
    const difficulty = 0;
    const nonce = 0;
    const data = ["The Times 03/Jan/2009 Chancellor on brink of second bailout for banks"];

    const merkleTree = merkle("sha256").sync(data);
    const merkleRoot = merkleTree.root() || '0'.repeat(64);

    const header = new BlockHeader(version, index, previousHash, timestamp, merkleRoot, difficul-
ty, nonce);
    return new Block(header, data);
}
```

작업 증명이란 문제를 열심히 풀었음을 증명하는 방식의 합의 알고리즘입니다. 여기서 문제는 "특정한 개수의 영(0)으로 시작하는 블록 해시를 구하라", "목표값 이하의 해시를 구하라" 등으로 표현됩니다.

난이도는 블록 해시가 만족해야 하는 조건의 까다로운 정도입니다. 가령 "6개의 0으로 시작하는 블록 해시를 구하라"라는 문제는 "4개의 0으로 시작하는 블록 해시를 구하라"라는 문제보다 난이도가 높습니다.

특정한 개수의 0으로 시작하는 블록 해시를 성공적으로 구했는지 검사하는 코드는 다음과 같습니다. 16진수의 문자열로 다뤘던 블록 해시를 2진수의 문자열로 변경해서 비교해야 하므로 효율적인 치환을 위해 순람표(lookup table)를 사용합니다.

예제 3.3 문제 해결 검사

```
function hashMatchesDifficulty(hash, difficulty) {
    const hashBinary = hexToBinary(hash.toUpperCase());
    const requiredPrefix = '0'.repeat(difficulty);
    return hashBinary.startsWith(requiredPrefix);
}
```

```
function hexToBinary(s) {
    const lookupTable = {
        '0': '0000', '1': '0001', '2': '0010', '3': '0011',
        '4': '0100', '5': '0101', '6': '0110', '7': '0111',
        '8': '1000', '9': '1001', 'A': '1010', 'B': '1011',
        'C': '1100', 'D': '1101', 'E': '1110', 'F': '1111'
    };

    var ret = "";
    for (var i = 0; i < s.length; i++) {
        if (lookupTable[s[i]]) { ret += lookupTable[s[i]]; }
        else { return null; }
    }
    return ret;
}
```

블록의 버전 정보, 인덱스, 이전 해시, 타임스탬프, 난이도, 데이터는 값이 정해져 있으므로 유일하게 논스만이 변수(variable)입니다. '작업'이란 단지 논스를 달리해가며 난이도를 만족하는 문제를 해결하는 과정에 불과합니다.

특정 블록 해시를 찾는 과정은 순전히 무작위 논스 값에 의존합니다. 따라서 단지 반복을 통해 논스 값을 순차적으로 변경해가면 됩니다. 블록 해시 계산에 난이도와 논스를 추가로 고려해야 한다는 데 유의합니다.

아래 구현에서 반복문의 조건식이 항상 참이므로 무한히 수행됩니다. 이를 탈출하기 위해서는 조건문의 조건을 만족시켜야 합니다. 올바른 논스 값과 블록 해시를 찾으면 비로소 문제가 해결됩니다.

예제 3.4 논스 값 찾기

```
function findBlock(currentVersion, nextIndex, previoushash, nextTimestamp, merkleRoot, difficul-
ty) {
    var nonce = 0;
    while (true) {
        var hash = calculateHash(currentVersion, nextIndex, previoushash, nextTimestamp, merkle-
Root, difficulty, nonce);
        if (hashMatchesDifficulty(hash, difficulty)) {
            return new BlockHeader(currentVersion, nextIndex, previoushash, nextTimestamp, merkle-
Root, difficulty, nonce);
```

```
        }
        nonce++;
    }
}
```

예제 3.5 수정된 블록 해시 계산

```
function calculateHash(version, index, previousHash, timestamp, merkleRoot, difficulty, nonce) {
    return CryptoJS.SHA256(version + index + previousHash + timestamp + merkleRoot + difficulty +
nonce).toString().toUpperCase();
}
```

예제 3.6 수정된 블록을 인자로 하는 블록 해시 계산

```
function calculateHashForBlock(block) {
    return calculateHash(
        block.header.version,
        block.header.index,
        block.header.previousHash,
        block.header.timestamp,
        block.header.merkleRoot,
        block.header.difficulty,
        block.header.nonce
    );
}
```

블록을 생성하는 코드의 마지막 부분에 올바른 논스 값을 찾는 부분을 추가합니다.

예제 3.7 수정된 블록 생성

```
function generateNextBlock(blockData) {
    const previousBlock = getLatestBlock();
    const currentVersion = getCurrentVersion();
    const nextIndex = previousBlock.header.index + 1;
    const previousHash = calculateHashForBlock(previousBlock);
    const nextTimestamp = getCurrentTimestamp();
    const difficulty = getDifficulty(getBlockchain());
```

```
    const merkleTree = merkle("sha256").sync(blockData);
    const merkleRoot = merkleTree.root() || '0'.repeat(64);

    const newBlockHeader = findBlock(currentVersion, nextIndex, previousHash, nextTimestamp,
merkleRoot, difficulty);
    return new Block(newBlockHeader, blockData);
}
```

올바른 논스 값을 찾아 블록을 생성하는 과정을 관례적으로 채굴(mining)이라 부릅니다.

## 난이도 조정

난이도는 개발자로부터 주어지는 값이 될 수도 있으나 좀 더 일반적으로는 네트워크 상황에 따라 조정될 필요가 있습니다. 네트워크에서 채굴에 참여하는 노드가 많아지면 난이도가 올라가고, 반대로 채굴에 참여하는 노드가 적어지면 난이도가 내려가야만 블록 생성 간격이 일정하게 유지됩니다.

난이도를 올바르게 추정하기 위해 '블록 생성 간격'과 '난이도 조정 간격'을 나타내는 두 상수를 정의합니다.

예제 3.8 블록 생성 간격과 난이도 조정 간격

```
const BLOCK_GENERATION_INTERVAL = 10; // in seconds
const DIFFICULTY_ADJUSTMENT_INTERVAL = 10; // in blocks
```

'블록 생성 간격(BLOCK_GENERATION_INTERVAL)'은 블록이 얼마나 자주 생성되는지 결정합니다. 단위는 초(seconds)입니다. '난이도 조정 간격(DIFFICULTY_ADJUSTMENT_INTERVAL)'은 난이도가 조정되는 빈도를 결정합니다. 단위는 블록입니다.

가령 '블록 생성 간격'과 '난이도 조정 간격'을 둘 다 10으로 정의했다면 본 블록체인 프로토콜은 새 블록이 10초마다 생성되며, 난이도는 10개 블록마다 조정될 것입니다. 이 두 값은 프로그램을 실행하는 중에 변하면 안 되므로 상수로 정의해서 하드코딩됩니다.

위 두 상수를 정의했다면 본격적으로 난이도를 조정할 수 있습니다. 블록 생성 간격마다 생성에 소요된 시간이 기대한 시간보다 큰지 작은지 확인합니다.

'기대 시간'이란 블록 생성 간격만큼의 블록 생성에 소요됐을 것으로 기대하는 시간으로, '블록 생성 간격'과 '난이도 조정 간격'의 곱으로 정의됩니다. 측정 시간이 기대 시간과 크게 차이 날 경우 난이도를 재조정할 필요가 있습니다. 본 구현에서는 측정 시간이 기대 시간보다 두 배 이상 크면 난이도를 1만큼 낮추고, 절반보다 작으면 난이도를 1만큼 증가시킵니다.

예제 3.9 난이도 조정

```
function getDifficulty(aBlockchain) {
    const latestBlock = aBlockchain[aBlockchain.length - 1];
    if (latestBlock.header.index % DIFFICULTY_ADJUSTMENT_INTERVAL === 0 && latestBlock.header.index
!== 0) {
        return getAdjustedDifficulty(latestBlock, aBlockchain);
    }
    return latestBlock.header.difficulty;
}

function getAdjustedDifficulty(latestBlock, aBlockchain) {
    const prevAdjustmentBlock = aBlockchain[aBlockchain.length - DIFFICULTY_ADJUSTMENT_INTERVAL];
    const timeTaken = latestBlock.header.timestamp - prevAdjustmentBlock.header.timestamp;
    const timeExpected = BLOCK_GENERATION_INTERVAL * DIFFICULTY_ADJUSTMENT_INTERVAL;

    if (timeTaken < timeExpected / 2) {
        return prevAdjustmentBlock.header.difficulty + 1;
    }
    else if (timeTaken > timeExpected * 2) {
        return prevAdjustmentBlock.header.difficulty - 1;
    }
    else {
        return prevAdjustmentBlock.header.difficulty;
    }
}
```

## 타임스탬프 검증

지금까지의 구현체에서는 타임스탬프 값이 블록 검증에 아무런 영향을 끼치지 않았습니다. 따라서 블록 생성자 마음대로 값을 부여할 수 있었습니다. 그러나 이제 난이도 조정에 타임스탬프가 활용되므로 유효한 값만을 인정해야 합니다.

네트워크 공격을 위한 잘못된 타임스탬프인지 판단하는 기준을 다음과 같이 정의합니다.

- 새로운 블록의 타임스탬프는 이전 블록의 타임스탬프보다 60초 이하의 값을 가질 수 없다.
- 새로운 블록의 타임스탬프는 검증자의 현재 시간보다 60초 이상 클 수 없다.

이를 코드로 구현하면 다음과 같습니다.

예제 3.10 타임스탬프 검증

```
function isValidTimestamp(newBlock, previousBlock) {
    return (previousBlock.header.timestamp - 60 < newBlock.header.timestamp)
        && newBlock.header.timestamp - 60 < getCurrentTimestamp();
}
```

블록 검증 코드는 다음과 같이 수정됩니다. 이제 블록이 유효하기 위해서는 다음과 같은 조건을 만족해야 합니다.

- 블록 구조가 유효해야 합니다.
- 현재 블록의 인덱스는 이전 블록의 인덱스보다 정확히 1만큼 더 커야 합니다.
- '이전 블록의 해시값'과 현재 블록의 '이전 해시'가 같아야 합니다.
- 데이터 필드로부터 계산한 머클 루트와 블록 헤더의 머클 루트가 동일해야 합니다.
- 유효한 타임스탬프를 가져야 합니다.
- 블록 해시가 난이도에 해당하는 문제를 만족해야 합니다.

예제 3.11 수정된 블록 검증

```
function isValidNewBlock(newBlock, previousBlock) {

    /* 중략 */

    else if (!isValidTimestamp(newBlock, previousBlock)) {
        console.log('invalid timestamp');
        return false;
    }
```

```
    else if (!hashMatchesDifficulty(calculateHashForBlock(newBlock), newBlock.header.difficulty))
{
        console.log("Invalid hash: " + calculateHashForBlock(newBlock));
        return false;
    }
    return true;
}
```

블록 구조의 유효성을 검증하는 코드는 다음과 같이 수정됩니다.

예제 3.12 수정된 블록 구조의 유효성 검증

```
function isValidBlockStructure(block) {
    return typeof(block.header.version) === 'string'
        && typeof(block.header.index) === 'number'
        && typeof(block.header.previousHash) === 'string'
        && typeof(block.header.timestamp) === 'number'
        && typeof(block.header.merkleRoot) === 'string'
        && typeof(block.header.difficulty) === 'number'
        && typeof(block.header.nonce) === 'number'
        && typeof(block.data) === 'object';
}
```

## 06 정리

이번 장에서는 본격적으로 암호학을 공부하기에 앞서 기초 수학을 살펴봤습니다. 정수와 모듈로 연산, 역원의 개념을 학습했습니다. 소수를 정의하고 페르마의 소정리와 이를 일반화한 오일러의 정리를 학습했습니다. 오일러의 정리는 다음 장에서 살펴볼 RSA 암호 시스템을 구축하는 핵심 요소입니다.

또한 이산 거듭제곱의 계산은 쉬우나 그 역에 해당하는 이산 로그의 계산은 어려움을 보였습니다. 이산 로그 문제 역시 암호 시스템을 구축하는 데 사용됩니다.

실습에서는 작업 증명을 구현했습니다. 프로토콜은 블록 생성 간격을 대략적으로 맞추기 위해 난이도를 스스로 조정합니다. 블록에 포함된 타임스탬프가 유효한지 판단하는 기준도 정의했습니다.

이번 장에 등장한 코드를 정리하면 다음과 같습니다. 이 코드는 원체인 저장소의 chapter-3 브랜치에서도 확인할 수 있습니다.[13]

예제 3.13 수정된 코드 정리

```
class BlockHeader {
    constructor(version, index, previousHash, timestamp, merkleRoot, difficulty, nonce) {
        this.version = version;
        this.index = index;
        this.previousHash = previousHash;
        this.timestamp = timestamp;
        this.merkleRoot = merkleRoot;
        this.difficulty = difficulty;
        this.nonce = nonce;
    }
}

class Block {
    constructor(header, data) {
        this.header = header;
        this.data = data;
    }
}

function getGenesisBlock() {
    const version = "1.0.0";
    const index = 0;
    const previousHash = '0'.repeat(64);
    const timestamp = 1231006505; // 01/03/2009 @ 6:15pm (UTC)
    const difficulty = 0;
    const nonce = 0;
    const data = ["The Times 03/Jan/2009 Chancellor on brink of second bailout for banks"];

    const merkleTree = merkle("sha256").sync(data);
    const merkleRoot = merkleTree.root() || '0'.repeat(64);

    const header = new BlockHeader(version, index, previousHash, timestamp, merkleRoot, difficul-
```

13 https://github.com/twodude/onechain/blob/chapter-3/src/main.js

```
ty, nonce);
    return new Block(header, data);
}

function generateNextBlock(blockData) {
    const previousBlock = getLatestBlock();
    const currentVersion = getCurrentVersion();
    const nextIndex = previousBlock.header.index + 1;
    const previousHash = calculateHashForBlock(previousBlock);
    const nextTimestamp = getCurrentTimestamp();
    const difficulty = getDifficulty(getBlockchain());

    const merkleTree = merkle("sha256").sync(blockData);
    const merkleRoot = merkleTree.root() || '0'.repeat(64);

    const newBlockHeader = findBlock(currentVersion, nextIndex, previousHash, nextTimestamp,
merkleRoot, difficulty);
    return new Block(newBlockHeader, blockData);
}

function calculateHash(version, index, previousHash, timestamp, merkleRoot, difficulty, nonce) {
    return CryptoJS.SHA256(version + index + previousHash + timestamp + merkleRoot + difficulty +
nonce).toString().toUpperCase();
}

function calculateHashForBlock(block) {
    return calculateHash(
        block.header.version,
        block.header.index,
        block.header.previousHash,
        block.header.timestamp,
        block.header.merkleRoot,
        block.header.difficulty,
        block.header.nonce
    );
}

function isValidNewBlock(newBlock, previousBlock) {
    if (!isValidBlockStructure(newBlock)) {
        console.log('invalid block structure: %s', JSON.stringify(newBlock));
```

```
        return false;
    }
    else if (previousBlock.header.index + 1 !== newBlock.header.index) {
        console.log("Invalid index");
        return false;
    }
    else if (calculateHashForBlock(previousBlock) !== newBlock.header.previousHash) {
        console.log("Invalid previousHash");
        return false;
    }
    else if (
        (newBlock.data.length !== 0 && (merkle("sha256").sync(newBlock.data).root() !== newBlock.
header.merkleRoot))
        || (newBlock.data.length === 0 && ('0'.repeat(64) !== newBlock.header.merkleRoot))
    ) {
        console.log("Invalid merkleRoot");
        return false;
    }
    else if (!isValidTimestamp(newBlock, previousBlock)) {
        console.log('invalid timestamp');
        return false;
    }
    else if (!hashMatchesDifficulty(calculateHashForBlock(newBlock), newBlock.header.difficulty))
{
        console.log("Invalid hash: " + calculateHashForBlock(newBlock));
        return false;
    }
    return true;
}

function isValidBlockStructure(block) {
    return typeof(block.header.version) === 'string'
        && typeof(block.header.index) === 'number'
        && typeof(block.header.previousHash) === 'string'
        && typeof(block.header.timestamp) === 'number'
        && typeof(block.header.merkleRoot) === 'string'
        && typeof(block.header.difficulty) === 'number'
        && typeof(block.header.nonce) === 'number'
        && typeof(block.data) === 'object';
}
```

예제 3.14 3장 코드 정리

```
// Chapter-3
const BLOCK_GENERATION_INTERVAL = 10; // in seconds
const DIFFICULTY_ADJUSTMENT_INTERVAL = 10; // in blocks

function getDifficulty(aBlockchain) {
    const latestBlock = aBlockchain[aBlockchain.length - 1];
    if (latestBlock.header.index % DIFFICULTY_ADJUSTMENT_INTERVAL === 0 && latestBlock.header.index
!== 0) {
        return getAdjustedDifficulty(latestBlock, aBlockchain);
    }
    return latestBlock.header.difficulty;
}

function getAdjustedDifficulty(latestBlock, aBlockchain) {
    const prevAdjustmentBlock = aBlockchain[aBlockchain.length - DIFFICULTY_ADJUSTMENT_INTERVAL];
    const timeTaken = latestBlock.header.timestamp - prevAdjustmentBlock.header.timestamp;
    const timeExpected = BLOCK_GENERATION_INTERVAL * DIFFICULTY_ADJUSTMENT_INTERVAL;

    if (timeTaken < timeExpected / 2) {
        return prevAdjustmentBlock.header.difficulty + 1;
    }
    else if (timeTaken > timeExpected * 2) {
        return prevAdjustmentBlock.header.difficulty - 1;
    }
    else {
        return prevAdjustmentBlock.header.difficulty;
    }
}

function findBlock(currentVersion, nextIndex, previoushash, nextTimestamp, merkleRoot, difficul-
ty) {
    var nonce = 0;
    while (true) {
        var hash = calculateHash(currentVersion, nextIndex, previoushash, nextTimestamp, merkle-
Root, difficulty, nonce);
        if (hashMatchesDifficulty(hash, difficulty)) {
            return new BlockHeader(currentVersion, nextIndex, previoushash, nextTimestamp, merkle-
```

```
Root, difficulty, nonce);
        }
        nonce++;
    }
}

function hashMatchesDifficulty(hash, difficulty) {
    const hashBinary = hexToBinary(hash.toUpperCase());
    const requiredPrefix = '0'.repeat(difficulty);
    return hashBinary.startsWith(requiredPrefix);
}

function hexToBinary(s) {
    const lookupTable = {
        '0': '0000', '1': '0001', '2': '0010', '3': '0011',
        '4': '0100', '5': '0101', '6': '0110', '7': '0111',
        '8': '1000', '9': '1001', 'A': '1010', 'B': '1011',
        'C': '1100', 'D': '1101', 'E': '1110', 'F': '1111'
    };

    var ret = "";
    for (var i = 0; i < s.length; i++) {
        if (lookupTable[s[i]]) { ret += lookupTable[s[i]]; }
        else { return null; }
    }
    return ret;
}

function isValidTimestamp(newBlock, previousBlock) {
    return (previousBlock.header.timestamp - 60 < newBlock.header.timestamp)
        && newBlock.header.timestamp - 60 < getCurrentTimestamp();
}
```

# 암호학

암호학(cryptography)은 네트워크와 더불어 블록체인에서 가장 핵심이 되는 학문입니다. 정보 보안은 물론이고 증명, 서명 등 현대 암호학이 포괄하는 다양한 분야는 블록체인과 직간접적으로 연관돼 있습니다. 암호학을 모르고서 블록체인을 논한다는 것은 어불성설(語不成說)입니다. 암호학을 공부함으로써 비로소 블록체인 코어의 본질을 이해할 수 있을 것입니다.

암호학이 제공하고자 하는 보안에는 크게 세 가지 목표가 있습니다. 첫 번째는 기밀성(confidentiality)입니다. 정보를 저장하고 전송하면서 부적절한 노출을 방지해야 합니다. 기밀성은 정보 보안의 주된 목적입니다.

두 번째는 무결성(integrity)입니다. 정보는 일반적으로 수정될 수 있는데, 이러한 변경은 오직 권한이 있는 사용자에게만 허가돼야 합니다. 무결성을 위해하는 요소로는 악의적인 사용자 외에도 시스템 오류, 정전 등이 있습니다.

마지막으로는 가용성(availability)입니다. 정보가 생성되고 저장되는 본질적인 존재 이유는 활용되기 위해서입니다. 만일 정보에 접근할 수 없다면 기밀성과 무결성이 훼손된 것만큼이나 무의미합니다.

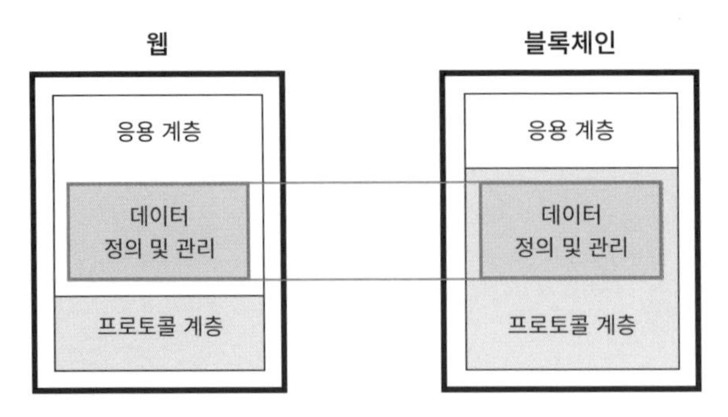


그림 4.1 두꺼운 프로토콜과 데이터 권한

블록체인은 기밀성, 무결성, 가용성에 대한 도전적인 시도입니다. 2장 네트워크에서 다뤘던 '두꺼운 프로토콜'을 떠올려 봅시다. 블록체인에서는 공유 데이터 계층이 생김에 따라 데이터에 대한 정의 및 관리가 프로토콜의 영역으로 통합됐습니다. 블록이라는 단위로 원장을 형성해서 모든 네트워크 참여자에게 복제되고, 데이터 권한을 위한 키(key)는 사용자 스스로가 보관합니다. 데이터는 모두가 소유할지라도 이를 활용하려면 권한이 요구됩니다.

또한 블록체인에서는 권한이 있는 사용자라도 정보를 독단적으로 임의 수정할 수 없습니다. 정보 수정을 비롯한 블록체인상의 모든 행위는 트랜잭션을 통해 이뤄집니다. 이 트랜잭션은 네트워크 참여자 모두에게 전파되고, 검증된 후, 블록에 담겨 기록됩니다. 비록 데이터 소유자라 할지라도 부정한 조작은 받아들여지지 않습니다.

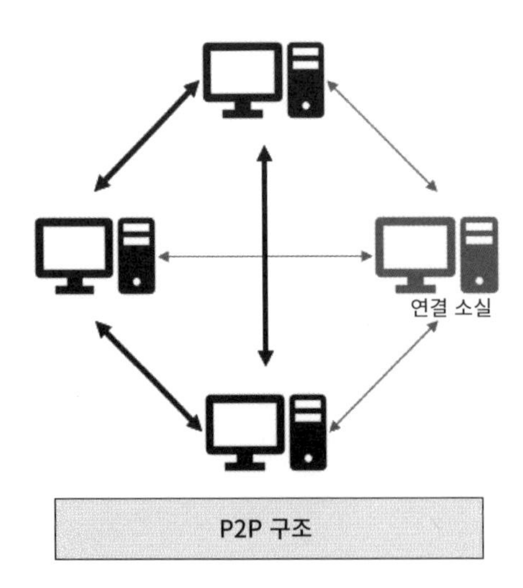


그림 4.2 P2P 구조

블록체인은 본질적으로 P2P 구조를 기반으로 합니다. P2P 구조는 외부 공격으로부터 내구성을 지녔기 때문에 네트워크 참여자 중 일부가 공격받더라도 가용성을 보장합니다. 물론 해시 파워가 감소함에 따라 보안 이슈가 뒤따를 수 있습니다. 소위 '51% 공격'이 용이해집니다.

# 01 암호 시스템

암호 시스템은 크게 단방향과 양방향으로 구분됩니다. 단방향 암호화 시스템에서는 암호화(encryption)는 가능하나 복호화(decryption)가 불가능합니다.[1] 해시(hash)가 대표적인 예입니다.

반면 양방향 암호화 시스템에서는 암호화와 복호화가 모두 가능합니다. 암호화에 사용되는 키와 복호화에 사용되는 키가 같으면 대칭키(symmetric-key) 암호, 다르면 비대칭키(asymmetric-key) 암호 또는 공개키 암호라 칭합니다. 이어지는 절에서 대칭키 암호와 비대칭키 암호를 모두 살펴볼 것입니다.

## 암호 공격

케르크호프스의 원리(Kerckhoffs's principle)에 따르면 공격자가 암호화 및 복호화 알고리즘을 알고 있더라도 키를 모르면 암호를 해독할 수 없어야 합니다.[2] 달리 말하자면 암호 시스템의 보안성, 즉 암호 해독 저항성은 키의 비밀성에만 의존합니다.

케르크호프스의 원리는 어려운 문제를 쉬운 문제로 치환하는 효과가 있습니다. 알고리즘을 비밀스럽게 유지하기는 어려운 일입니다. 그러나 상대적으로 작은 크기인 키를 비밀스럽게 유지하기는 쉽습니다. 전송에서도 마찬가지입니다. 또한 알고리즘을 새로 설계하는 데는 많은 노력이 드는 반면 키는 재발급이 용이하므로 유출에 대한 대응이 쉽습니다.

암호 기법(cryptography)이 암호문의 생성을 다룬다면, 암호 해독(암호 분석, cryptanalysis)은 암호문의 해석에 집중합니다. 이러한 암호 해독은 다른 사람의 암호 시스템을 붕괴하는 암호 공격(cryptanalysis attack)에만 목적이 있는 것이 아니라 취약점을 분석하는 데 활용됩니다. 암호 해독 또는 암호 공격을 공부함으로써 암호 시스템을 비판적으로 평가할 수 있습니다.

암호 공격은 크게 네 가지로 분류됩니다.

---

1 가능성이 0%인 불가능이 아니라 공격이 매우 어려운 경우, 즉 수학적으로 해독하는 데 매우 긴 시간이 걸리는 경우를 의미합니다. 향후 등장할 "불가능", "할 수 없음" 등의 어휘는 이와 동등한 의미로 사용됩니다.

2 Auguste Kerckhoffs, "La cryptographie militaire", Journal des sciences militaires, Feb 1883

### 암호문 단독 공격

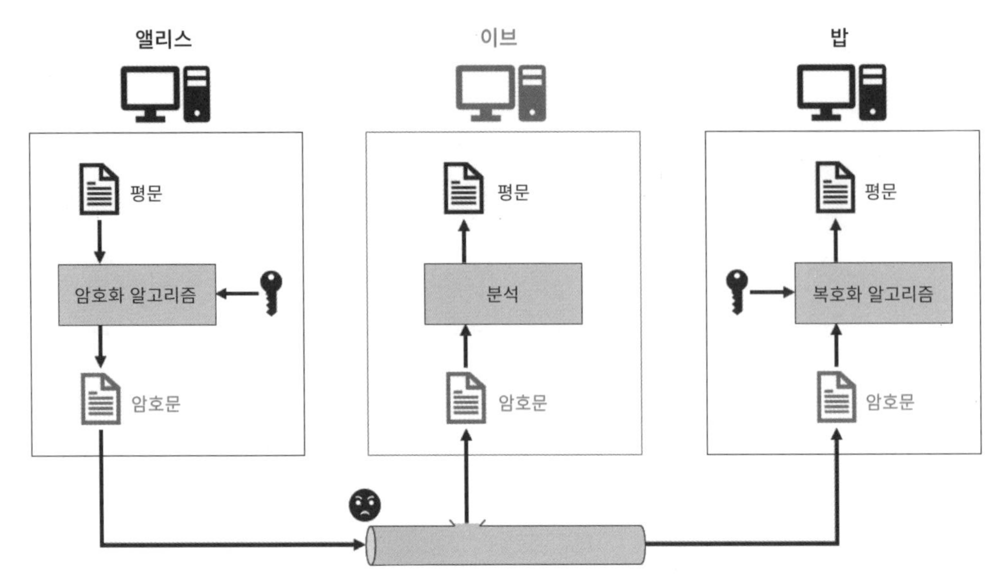


그림 4.3 암호문 단독 공격

송신자(앨리스, Alice)가 수신자(밥, Bob)에게 전송하고자 하는 원본 메시지를 평문(plaintext), 암호화 알고리즘을 거쳐 암호화된 메시지를 암호문(ciphertext)이라 합니다. 반대로 암호문이 복호화 알고리즘을 거치면 다시 평문이 됩니다.

공격자(이브, Eve)는 암호문을 탈취해 평문을 얻고자 합니다. 암호문 단독 공격(COA, Ciphertext-Only Attack)은 암호문만을 가지고 이를 분석해서 평문을 구합니다. 흔히 가능한 모든 값을 대입해가며 평문을 찾는 무차별 대입 공격(brute-force attack)이라 불리는 공격 방식이 대표적입니다. 여기에 빈도 분석이나 패턴 분석 등이 더해질 수 있습니다.

### 기지 평문 공격

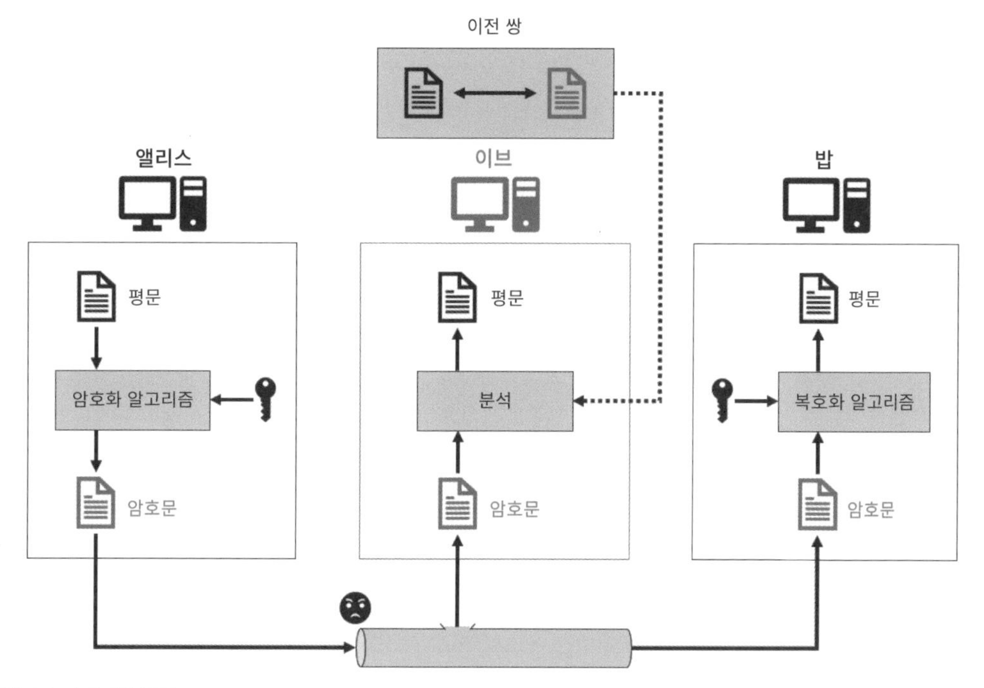


그림 4.4 기지 평문 공격

기지 평문 공격(KPA, Known-Plaintext Attack)은 이브가 평문(혹은 평문의 일부)과 그 암호문의 쌍을 이미 알고 있을 때 사용할 수 있는 암호 공격 기법입니다. 알고 있는 정보를 바탕으로 키와 전체 평문을 추정합니다. 고대 암호의 대부분이 기지 평문 공격에 취약하다고 알려져 있습니다.[3]

3 고대 암호란 과거에 사용됐으나 현재는 잘 사용되지 않는 암호 시스템입니다. 통상 문자 단위(unit) 위주로 암호화합니다.

### 선택 평문 공격

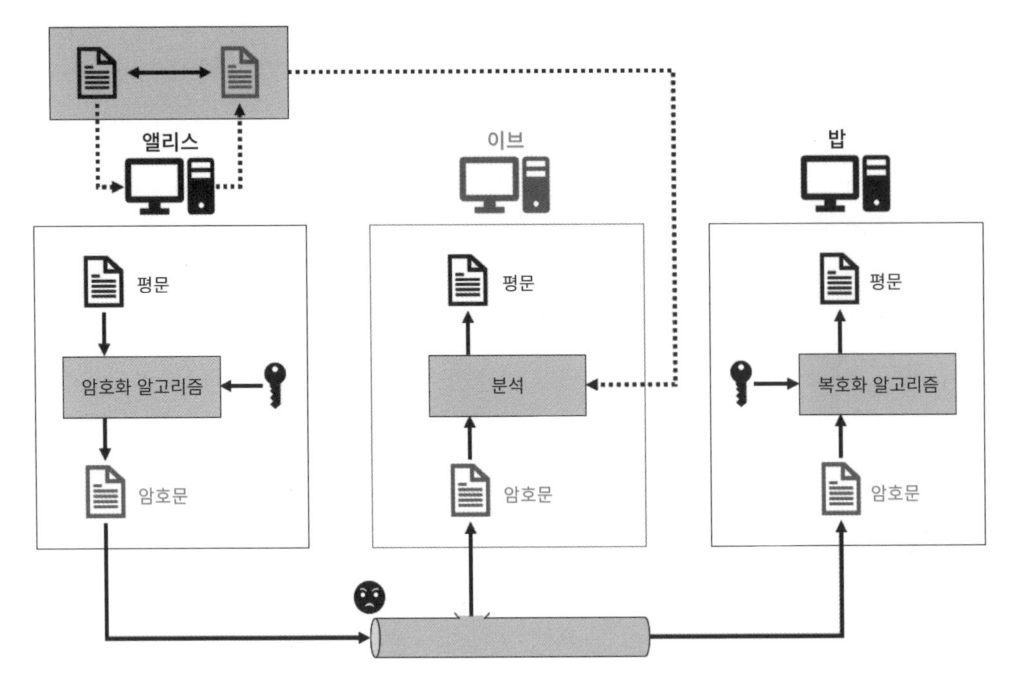


그림 4.5 선택 평문 공격

선택 평문 공격(CPA, Chosen-Plaintext Attack)은 이브가 원하는 평문을 선택해 대응하는 암호문을 얻을 수 있는 상황에서의 암호 공격 기법입니다. 즉, 이브는 앨리스가 사용하는 암호기에 접근할 수 있어야 합니다. 이 평문과 암호문의 쌍을 활용해 목표(암호문)를 분석합니다.

이는 기지 평문 공격보다 강력한 공격 유형일뿐더러 확보한 (평문, 암호문) 쌍은 나중에 기지 평문 공격에 활용될 수 있습니다.

### 선택 암호문 공격

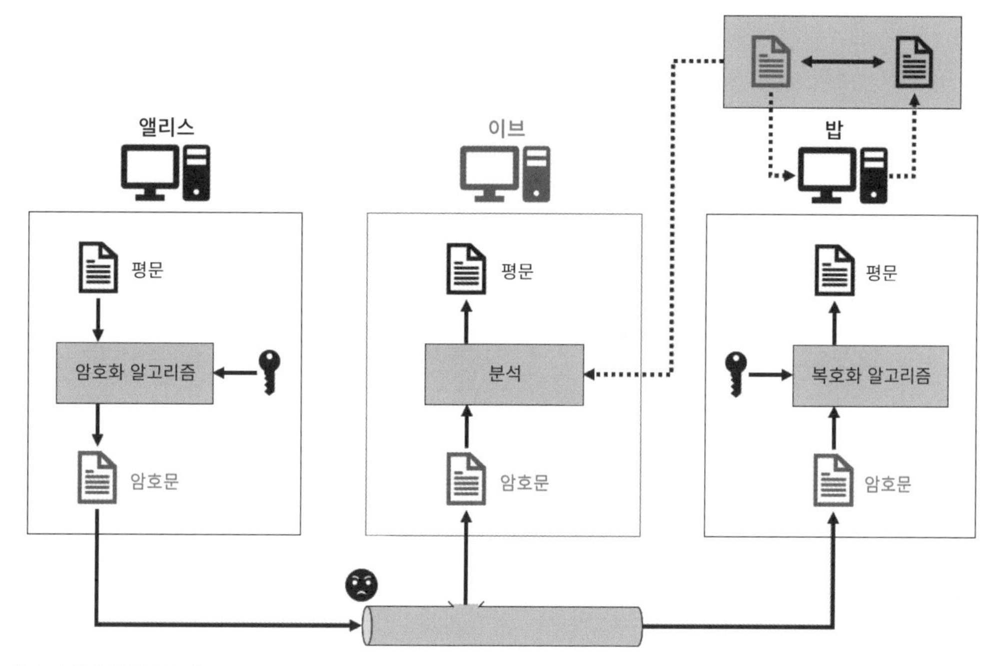


그림 4.6 선택 암호문 공격

선택 암호문 공격(CCA, Chosen-Ciphertext Attack)은 이브가 원하는 암호문을 선택해 대응하는 평문을 얻을 수 있는 상황에서의 암호 공격 기법입니다. 즉, 이브는 밥이 사용하는 복호기에 접근할 수 있어야 합니다. 이를 통해 목표를 분석합니다.

선택 암호문 공격은 매우 강력한 공격 유형입니다. 일반적으로 선택 암호문 공격에 안전한 암호 시스템은 선택 평문 공격과 기지 평문 공격에서도 안전할 것으로 기대합니다.

# 02 대칭키 암호

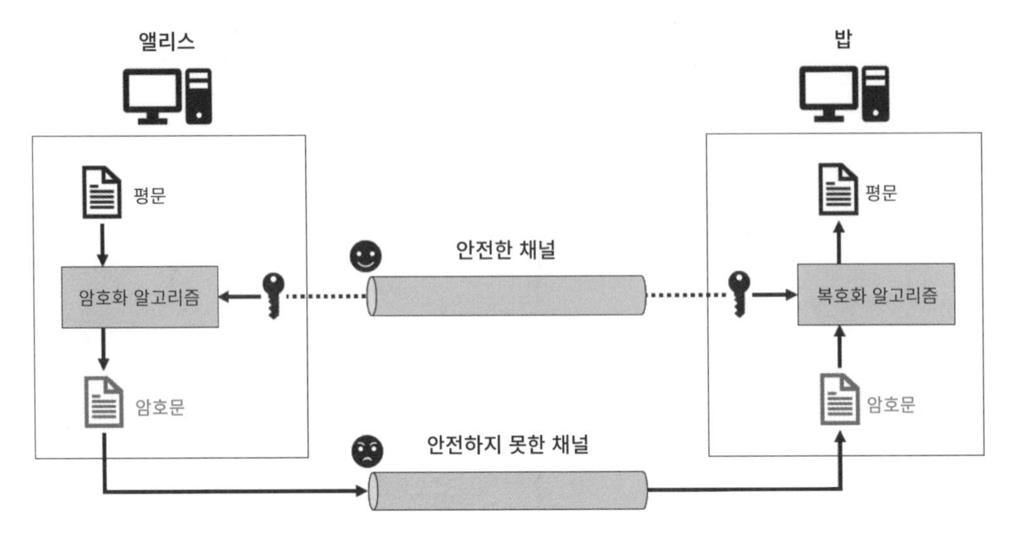


그림 4.7 대칭키 암호

대칭키 암호에서는 암호화와 복호화에 사용되는 키가 동일합니다. 따라서 본 키를 앨리스와 밥 외에는 알 수 없도록 철저히 관리할 필요가 있습니다. 만일 밥이 이미 키를 알고 있는 경우에는 문제가 없지만 모르는 경우 혹은 최초로 전송할 때는 안전한 채널을 통해 키를 전송해야 합니다.

반면 암호문은 충분한 보안성이 보장됐다면 안전하지 못한 채널로 전송돼도 무방합니다. 공격자가 암호문을 탈취하더라도 쉽게 복호화할 수 없기 때문입니다.

이를 수식으로 해석해봅시다. $P$는 평문, $C$는 암호문, $K$는 키입니다. 암호화 과정은 평문으로부터 암호문을 생성하므로 $C=E_k(P)$로 나타납니다. 복호화 과정은 암호문으로부터 평문을 생성하므로 $P=D_k(C)$로 나타납니다. 암호화와 복호화에 대해 다음이 성립합니다.

$$D_k(E_k(x)) = E_k(D_k(x)) = x$$

따라서 밥이 복호화한 메시지 $P_1$이 원본 메시지 $P$와 같음을 보일 수 있습니다.

$$\begin{aligned} &Alice: C = E_k(P) \\ &Bob: P_1 = D_k(C) = D_k(E_k(P)) = P \end{aligned}$$

앨리스와 밥 사이에 적어도 하나의 키가 공유돼야 한다는 데 주목합니다. 만일 $m$명의 사람이 서로 통신해야 한다면 적어도 $m(m-1)/2$개의 서로 다른 키가 필요합니다. $m$이 커짐에 따라 각자 키를 공유하고 저장하는 데 상당한 오버헤드가 생길 수 있습니다.

## 치환 암호

**그림 4.8** 단일 치환 암호와 다중 치환 암호

치환 암호(substitution cipher)는 평문에서의 문자 단위를 다른 문자 단위로 치환해서 암호문을 생성합니다. 만일 평문에서의 문자 단위와 암호문에서의 문자 단위가 일대일로 대응하는 경우, 즉 평문의 어느 문자 단위가 항상 동일한 문자 단위로 치환될 경우를 단일 치환 암호(monoalphabetic cipher)라 부릅니다. 반면 여러 다른 문자 단위로 치환될 경우를 다중 치환 암호(polyalphabetic cipher)라 부릅니다.

반드시 하나의 문자를 단위로 할 필요는 없습니다. 문자열일 수도 있고, 경우에 따라 문자를 구성하는 비트(bit)를 단위로 할 수 있습니다. 직관적인 설명을 위해 문자를 단위로 기술하겠습니다.

| 평문 | a | b | c | d | e | f | g | h | i | j | k | l | m | n | o | p | q | r | s | t | u | v | w | x | y | z |
|---|---|---|---|---|---|---|---|---|---|---|---|---|---|---|---|---|---|---|---|---|---|---|---|---|---|---|
| 암호문 | A | B | C | D | E | F | G | H | I | J | K | L | M | N | O | P | Q | R | S | T | U | V | W | X | Y | Z |
| 값 | 00 | 01 | 02 | 03 | 04 | 05 | 06 | 07 | 08 | 09 | 10 | 11 | 12 | 13 | 14 | 15 | 16 | 17 | 18 | 19 | 20 | 21 | 22 | 23 | 24 | 25 |

**그림 4.9** 평문, 암호문, 그리고 대응하는 정수

각 알파벳이 0부터 25까지 $\mathbb{Z}_{26}$의 서로 다른 정수에 대응된다는 데 주목합니다. 문자를 숫자로 해석함으로써 수학적 도구를 활용할 수 있습니다. 가령 문자와 숫자의 덧셈을 수행할 수 있습니다.

## 단일 치환 암호

단일 치환 암호에서는 평문의 어느 문자 단위가 항상 동일한 문자 단위로 치환됩니다.

### 덧셈 암호

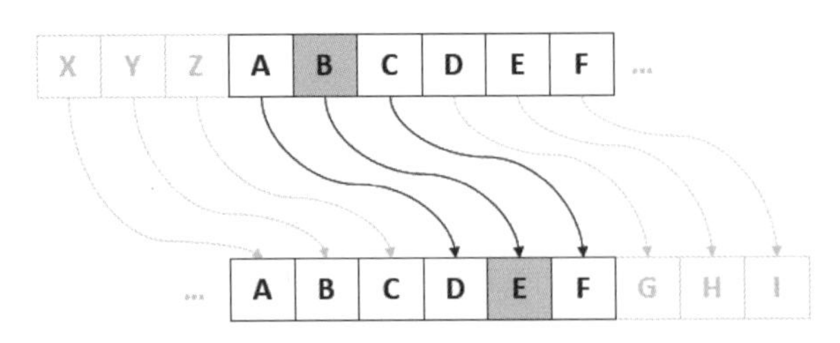


그림 4.10 덧셈 암호의 도식

가장 단순환 단일 치환 암호로는 시저 암호(Caesar cipher)가 있습니다.[4] 시저 암호는 그 구조상 본래 덧셈 암호(additive cipher) 또는 이동 암호(shift cipher)입니다. 이하 덧셈 암호로 칭합니다.

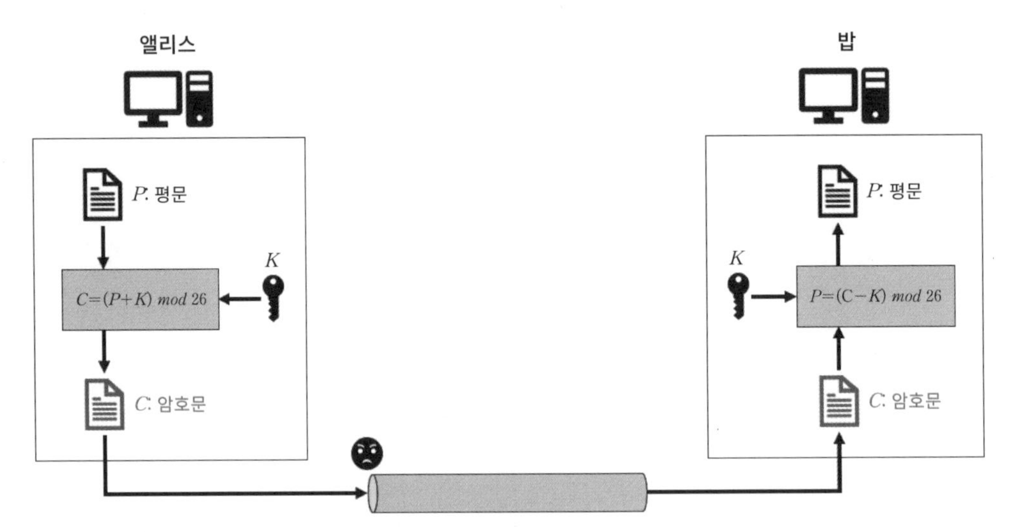


그림 4.11 덧셈 암호

덧셈 암호에서는 평문의 각 문자에 정수의 키 값을 더해 암호문을 생성합니다. 반대로 암호문에 키 값을 빼는 것(덧셈 역원을 더하는 것)으로 복호화합니다.

이를 수식화하면 다음과 같습니다. $P$는 평문, $C$는 암호문, $K$는 키를 의미합니다.

4 고대 로마의 장군이자 종신독재관인 줄리어스 시저(Julius Caesar)가 사용한 것으로 널리 알려져 있습니다. 시저는 키 값이 3인 덧셈 암호를 사용했습니다.

$$C = (P + K) mod\, 26$$
$$P = (C - K) mod\, 26$$

다음은 평문 "hello"를 키 값 3에 대해 암호화하는 과정입니다.

1. 평문의 각 문자에 대응하는 서로 다른 정수를 구한다. 위 예시에 따르면, $h \rightarrow 07$, $e \rightarrow 04$, $l \rightarrow 11$, $o \rightarrow 14$에 해당한다.
2. 평문의 각 문자에 키 값을 더한다.

$$(07 + 03) mod\, 26 = 10$$
$$(04 + 03) mod\, 26 = 07$$
$$(11 + 03) mod\, 26 = 14$$
$$(11 + 03) mod\, 26 = 14$$
$$(14 + 03) mod\, 26 = 17$$

3. 연산의 결괏값에 대응하는 문자를 나열해서 암호문을 생성한다.

따라서 평문 "hello"는 암호문 "KHOOR"이 됩니다.

복호화 과정은 다음과 같습니다.

1. 암호문의 각 문자에 대응하는 서로 다른 정수를 구한다. 위 예시에 따르면 $K \rightarrow 10$, $H \rightarrow 07$, $O \rightarrow 14$, $R \rightarrow 17$에 해당한다.
2. 암호문의 각 문자에 키 값을 뺀다.

$$(10 - 03) mod\, 26 = 07$$
$$(07 - 03) mod\, 26 = 04$$
$$(14 - 03) mod\, 26 = 11$$
$$(14 - 03) mod\, 26 = 11$$
$$(17 - 03) mod\, 26 = 14$$

3. 연산의 결괏값에 대응하는 문자를 나열해서 평문을 얻는다.

따라서 암호문 "KHOOR"로부터 평문 "hello"를 얻습니다.

이러한 덧셈 암호는 무차별 대입 공격에 취약한데, 유효한 키 값의 범위가 $\mathbb{Z}_{26}$을 벗어나지 않기 때문입니다. 공격자는 키 값을 1부터(0은 암호화의 의미가 없으므로) 시작해서 1씩 증가해가며 확인합니다.

좀 더 효율적인 방법으로 문자의 등장 빈도를 이용한 통계적 공격을 시도할 수 있습니다. 이 방법은 문자마다 문장에서의 출현 빈도가 다르다는 점에서 착안했습니다. 가령 영어로 된 문장에서 가장 많이 등장하는 문자는 'E'이며, 따라서 암호문에서 가장 많이 등장하는 문자는 'E'일 확률이 높습니다. 다음은 영어에서의 문자 빈도를 표로 나타낸 것입니다.

| | | | | | | | |
|---|---|---|---|---|---|---|---|
| E | 11.1607% | S | 5.7351% | H | 3.0034% | V | 1.0074% |
| A | 8.4966% | L | 5.4893% | G | 2.4705% | X | 0.2902% |
| R | 7.5809% | C | 4.5388% | B | 2.0720% | Z | 0.2722% |
| I | 7.5448% | U | 3.6308% | F | 1.8121% | J | 0.1965% |
| O | 7.1635% | D | 3.3844% | Y | 1.7779% | Q | 0.1962% |
| T | 6.9509% | P | 3.1671% | W | 1.2899% | | |
| N | 6.6544% | M | 3.0129% | K | 1.1016% | | |

그림 4.12 영문자 출현 빈도[5]

비단 한 문자만이 아니라 문자 조합에서도 빈도가 드러나는데, 가령 'TH'나 'HE' 같은 조합(diagram)이 자주 등장하며, 'THE'나 'ING' 같은 조합(trigram) 역시 자주 등장합니다.

### 곱셈 암호

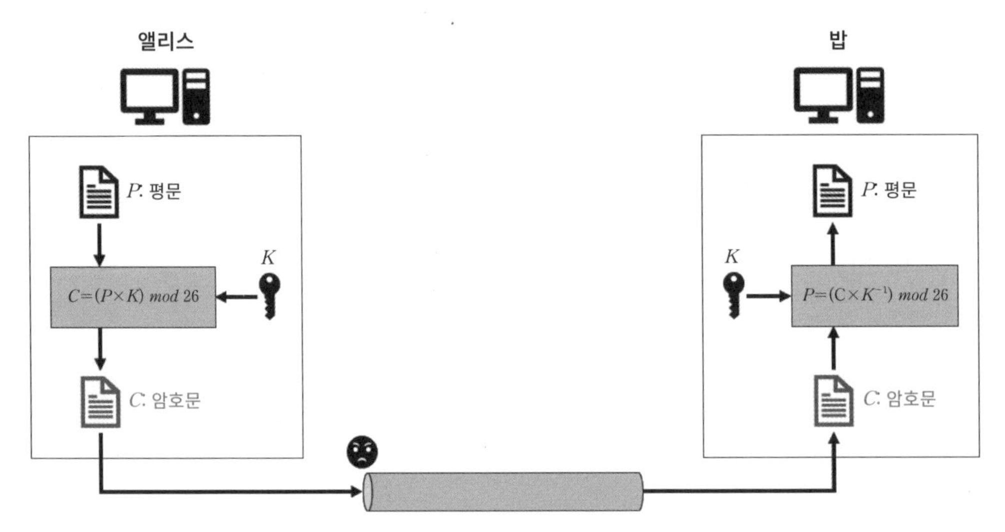


그림 4.13 곱셈 암호

5 Oxford Dictionary, "What is the frequency of the letters of the alphabet in English?", Oxford University Press, Dec 2012

덧셈 암호와 유사하게, 곱셈 암호(multiplicative cipher)에서는 평문의 각 문자에 정수의 키 값을 곱해서 암호문을 생성합니다. 반대로 키 값의 곱셈 역원을 곱하는 것으로 복호화합니다. 이를 수식화하면 다음과 같습니다.

$$C = (P \times K)\ mod\ 26$$
$$P = (C \times K^{-1})\ mod\ 26$$

곱셈 암호에서는 복호화 과정에 곱셈 역원을 사용하므로 키 값은 $\mathbb{Z}_{26}^{*}$에서 선출해야 합니다. $\mathbb{Z}_n$에서 곱셈 역원을 가지는 정수들만을 모은 부분 집합을 $\mathbb{Z}_n^{*}$라 함을 떠올려 봅시다.

곱셈 암호에서 유효한 키 값의 범위가 $\mathbb{Z}_{26}^{*}$을 벗어나지 않으므로 공격자는 단지 12개 ($\phi(26)=\phi(2)\times\phi(13)=1\times12=12$)의 경우만 따져보면 됩니다. 1은 암호화의 의미가 없으므로 실질적으로는 11개입니다. 따라서 곱셈 암호 역시 덧셈 암호처럼, 심지어 그보다 더 취약합니다.

### 아핀 암호

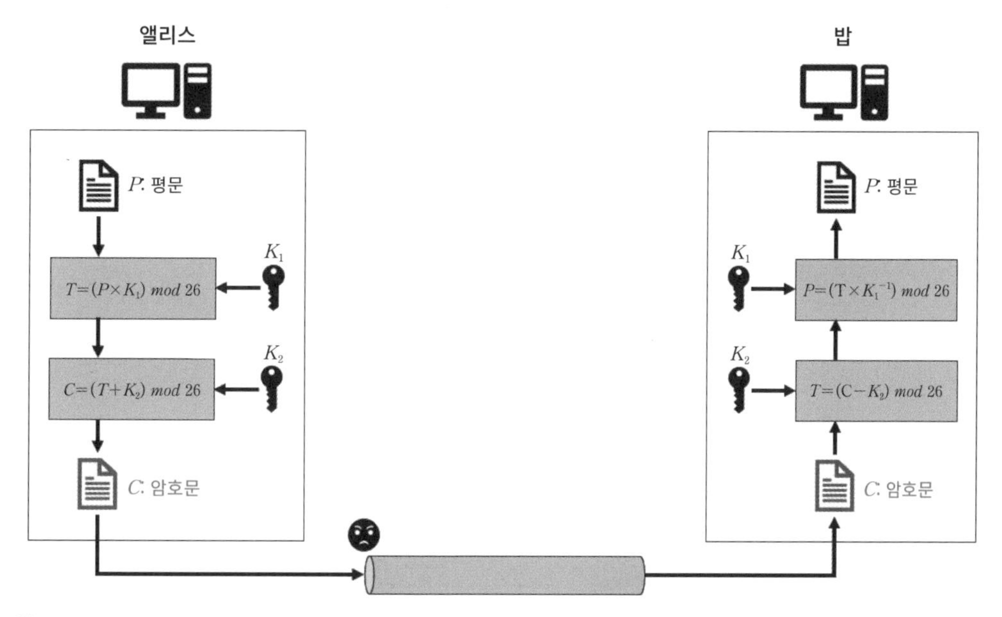


**그림 4.14** 아핀 암호

아핀 암호(affine cipher)는 덧셈 암호와 곱셈 암호를 병합해서 구현합니다. 따라서 키 역시 두 개가 필요합니다. 곱셈 암호에 사용되는 키가 $K_1$이고 덧셈 암호에 사용되는 키가 $K_2$일 때, 아핀 암호의 암호화 과정은 다음과 같습니다. $T$는 임시값입니다.

$$T = (P \times K_1)\ mod\ 26$$
$$C = (T + K_2)\ mod\ 26$$

복호화 과정은 다음과 같습니다.

$$T = (C - K_2)\ mod\ 26$$
$$P = (T \times K_1^{-1})\ mod\ 26$$

덧셈 암호는 $K_1=1$인 특수한 아핀 암호로 간주할 수 있습니다. 유사하게 곱셈 암호는 $K_2=0$인 경우로 간주할 수 있습니다.

$K_1$은 $\mathbb{Z}_{26}^*$, $K_2$는 $\mathbb{Z}_{26}$으로부터 얻는다는 점을 떠올려 봅시다. 따라서 총 $12 \times 26 = 312$개의 키 조합이 가능합니다. 덧셈 암호나 곱셈 암호보다는 우수하지만 여전히 취약합니다. 특히 선택 평문 공격에 취약합니다. 이브가 앨리스의 암호화 알고리즘을 사용해 평문 "ct"로부터 암호문 "WD"를 얻었다고 해봅시다. 이로부터 다음과 같은 합동식을 세울 수 있습니다.

$$(02 \times K_1 + K_2) = 22\,(mod\ 26)$$
$$(19 \times K_1 + K_2) = 03\,(mod\ 26)$$

이는 행렬로 풀 수 있습니다.

$$\begin{bmatrix} K_1 \\ K_2 \end{bmatrix} = \begin{bmatrix} 2 & 1 \\ 19 & 1 \end{bmatrix}^{-1} \begin{bmatrix} 22 \\ 3 \end{bmatrix} = \begin{bmatrix} 3 & 23 \\ 21 & 6 \end{bmatrix} \begin{bmatrix} 22 \\ 3 \end{bmatrix} = \begin{bmatrix} 5 \\ 12 \end{bmatrix}$$

따라서 키 쌍 $(K_1, K_2) = (5, 12)$임이 구해집니다.

앞에서 살펴봤듯이 덧셈 암호, 곱셈 암호, 심지어 아핀 암호까지도 무차별 대입 공격에 취약합니다. 더 나은 해결책으로는 평문과 암호문을 구성하는 문자 간의 매핑(mapping)을 형성하는 것입니다. 매핑의 경우의 수는 총 26!으로 대략 $4 \times 10^{26}$개에 달하므로 무차별 대입 공격으로는 분석하기 어렵습니다. 그러나 여전히 빈도를 변화시키지는 못하므로 통계적 공격에 취약합니다.

## 다중 치환 암호

다중 치환 암호에서는 평문의 어느 한 문자 단위가 여러 다른 문자 단위로 치환됩니다. 즉, 평문에서의 문자 단위와 암호문에서의 문자 단위는 일대다 관계에 있습니다. 다중 치환 암호를 생성하기 위해서는 상응하는 평문의 문자 단위와 위치 정보가 모두 필요합니다. 반면 단일 치환 암호는 오직 평문의 문자 단위에만 의존했다는 점을 떠올려 봅시다.

### 비즈네르 암호

대표적인 다중 치환 암호로 비즈네르 암호(Vigenère cipher)가 있습니다.[6] 비즈네르 암호는 덧셈 암호를 엮어 적용한 것으로서, 단순하다는 특징 덕분에 이해하고 구현하기는 쉽지만 공격하기가 어렵다는 특징이 있습니다.

특히 단일 치환 암호의 취약점이었던 문자 빈도를 통한 공격이 거의 불가능합니다. 가능한 키의 개수가 무한하다는 점 역시 공격을 어렵게 합니다. 이러한 특징으로부터 과거 "해독 불가능한 암호"로 불리곤 했습니다.

| *A* | *B* | *C* | *D* | *E* | *F* | *G* | *H* | *I* | *J* | *K* | *L* | *M* | *N* | *O* | *P* | *Q* | *R* | *S* | *T* | *U* | *V* | *W* | *X* | *Y* | *Z* |
|---|---|---|---|---|---|---|---|---|---|---|---|---|---|---|---|---|---|---|---|---|---|---|---|---|---|
| **B** | C | D | E | F | G | H | I | J | K | L | M | N | O | P | Q | R | S | T | U | V | W | X | Y | Z | A |
| **C** | D | E | F | G | H | I | J | K | L | M | N | O | P | Q | R | S | T | U | V | W | X | Y | Z | A | B |
| **D** | E | F | G | H | I | J | K | L | M | N | O | P | Q | R | S | T | U | V | W | X | Y | Z | A | B | C |
| **E** | F | G | H | I | J | K | L | M | N | O | P | Q | R | S | T | U | V | W | X | Y | Z | A | B | C | D |
| **F** | G | H | I | J | K | L | M | N | O | P | Q | R | S | T | U | V | W | X | Y | Z | A | B | C | D | E |
| **G** | H | I | J | K | L | M | N | O | P | Q | R | S | T | U | V | W | X | Y | Z | A | B | C | D | E | F |
| **H** | I | J | K | L | M | N | O | P | Q | R | S | T | U | V | W | X | Y | Z | A | B | C | D | E | F | G |
| **I** | J | K | L | M | N | O | P | Q | R | S | T | U | V | W | X | Y | Z | A | B | C | D | E | F | G | H |
| **J** | K | L | M | N | O | P | Q | R | S | T | U | V | W | X | Y | Z | A | B | C | D | E | F | G | H | I |
| **K** | L | M | N | O | P | Q | R | S | T | U | V | W | X | Y | Z | A | B | C | D | E | F | G | H | I | J |
| **L** | M | N | O | P | Q | R | S | T | U | V | W | X | Y | Z | A | B | C | D | E | F | G | H | I | J | K |
| **M** | N | O | P | Q | R | S | T | U | V | W | X | Y | Z | A | B | C | D | E | F | G | H | I | J | K | L |
| **N** | O | P | Q | R | S | T | U | V | W | X | Y | Z | A | B | C | D | E | F | G | H | I | J | K | L | M |
| **O** | P | Q | R | S | T | U | V | W | X | Y | Z | A | B | C | D | E | F | G | H | I | J | K | L | M | N |
| **P** | Q | R | S | T | U | V | W | X | Y | Z | A | B | C | D | E | F | G | H | I | J | K | L | M | N | O |
| **Q** | R | S | T | U | V | W | X | Y | Z | A | B | C | D | E | F | G | H | I | J | K | L | M | N | O | P |
| **R** | S | T | U | V | W | X | Y | Z | A | B | C | D | E | F | G | H | I | J | K | L | M | N | O | P | Q |
| **S** | T | U | V | W | X | Y | Z | A | B | C | D | E | F | G | H | I | J | K | L | M | N | O | P | Q | R |
| **T** | U | V | W | X | Y | Z | A | B | C | D | E | F | G | H | I | J | K | L | M | N | O | P | Q | R | S |
| **U** | V | W | X | Y | Z | A | B | C | D | E | F | G | H | I | J | K | L | M | N | O | P | Q | R | S | T |
| **V** | W | X | Y | Z | A | B | C | D | E | F | G | H | I | J | K | L | M | N | O | P | Q | R | S | T | U |
| **W** | X | Y | Z | A | B | C | D | E | F | G | H | I | J | K | L | M | N | O | P | Q | R | S | T | U | V |
| **X** | Y | Z | A | B | C | D | E | F | G | H | I | J | K | L | M | N | O | P | Q | R | S | T | U | V | W |
| **Y** | Z | A | B | C | D | E | F | G | H | I | J | K | L | M | N | O | P | Q | R | S | T | U | V | W | X |
| **Z** | A | B | C | D | E | F | G | H | I | J | K | L | M | N | O | P | Q | R | S | T | U | V | W | X | Y |

그림 4.15 비즈네르 표

비즈네르 암호는 암호화를 위해 비즈네르 표를 이용합니다. 이전 행을 왼쪽으로 환 이동(left circular shift)해가며 생성한 본 표는 타불라 렉타(Tabula recta)라 칭하기도 합니다. 첫 번째 행은 키 값이 1인 덧셈 암호, 두 번째 행은 키 값이 2인 덧셈 암호와 같습니다.

6 프랑스의 외교관이자 암호학자인 블레즈 드 비즈네르(Blaise de Vigenère, 1523~1596)가 창안한 암호입니다.

만일 암호화 및 복호화에 비즈네르 표의 한 행만을 사용한다면 일반적인 덧셈 암호와 다를 바가 없습니다. 비즈네르 암호의 핵심은 일련의 키워드로부터 키 나열(key stream)을 생성해 비즈네르 표의 여러 행을 사용한다는 데 있습니다.

| 평문 | h | e | l | l | o | w | o | r | l | d |
|---|---|---|---|---|---|---|---|---|---|---|
| P의 값 | 07 | 04 | 11 | 11 | 14 | 22 | 14 | 17 | 11 | 03 |
| 키 나열 | 10 | 04 | 24 | 10 | 04 | 24 | 10 | 04 | 24 | 10 |
| C의 값 | 17 | 08 | 09 | 21 | 18 | 20 | 24 | 21 | 09 | 13 |
| 암호문 | R | I | J | V | S | U | Y | V | J | N |

**그림 4.16** 비즈네르 암호 예제

가령 "helloworld"라는 평문을 키워드 "KEY"로 암호화해봅시다. $K \rightarrow 10$, $E \rightarrow 4$, $Y \rightarrow 24$이므로 초기 키 나열은 (10, 4, 24)에 해당합니다. 키 나열은 초기 키 나열을 필요한 만큼 반복하는 것으로 생성됩니다. 따라서 암호문은 "RIJVSUYVJN"이 됩니다. 평문에서의 'l'이 암호문에서는 서로 다른 알파벳 'J', 'V'로 치환된 것을 확인할 수 있습니다.

### 카지스키 테스트

비즈네르 암호를 사용하면 평문에서 동일한 문자라 할지라도 암호문에서는 서로 다른 문자가 될 수 있습니다. 따라서 단일 치환 암호와는 달리 문자의 등장 빈도를 이용한 통계적 공격이 불가능합니다.

그러나 만일 암호화에 사용한 키워드의 길이 $m$이 알려질 경우에는 여전히 무차별 대입 공격 등에 취약합니다. 잉여류(residue class) $[x]$를 $m$을 법으로 해서 합동인 수의 집합이라 해봅시다. $n<m$인 임의의 정수에 대해 잉여류는 다음과 같습니다.

$$
\begin{aligned}
&[0] = \{\cdots, -2m, -m, 0, m, 2m, \cdots\} \\
&[1] = \{\cdots, -2m+1, -m+1, 1, m+1, 2m+1, \cdots\} \\
&\cdots \\
&[n] = \{\cdots, -2m+n, -m+n, n, m+n, 2m+n, \cdots\} \\
&\cdots
\end{aligned}
$$

키워드의 길이 $m$을 알고 있다면 암호문에서의 위치를 기준으로 잉여류 $[0]$, $[1]$, ⋯, $[m-1]$에 해당하는 문자끼리 분류할 수 있습니다. 한 잉여류($[n]$)에서 사용된 키(키워드에서 $n$번째 문자)는 동일하기 때문에 단순히 덧셈 암호가 여러 개 있는 꼴이 됩니다. 따라서 통계적 공격이나 유의미한 범위 내에서의 무차별 대입 공격 등을 시도할 수 있습니다.

키워드의 길이를 알아내는 고전적인 방법으로 카지스키 테스트가 있습니다.[7] 암호문에서 동일한 문자열이 반복되는 주기를 파악해 이로부터 키워드의 길이 $m$을 추정하는 방법입니다.

영어에서 자주 등장하는 특정 문자열, 가령 "THE" 같은 문자열은 운 좋게도 (앨리스와 밥에게는 불행하게도) 동일한 문자열로 암호화될 가능성이 큽니다. 암호문의 길이가 길수록 동일한 문자열이 등장할 가능성이 크며, 반복되는 문자열의 종류가 많을수록 길이를 특정하기 쉽습니다.

VPQSBUOCPIFNKPKQZXMNBUOKVPQFINBF

| 문자열 | 첫 번째 인덱스 | 두 번째 인덱스 | 차이 |
|---|---|---|---|
| VPQ | 00 | 24 | 24 |
| BUO | 04 | 20 | 16 |

그림 4.17 카지스키 테스트

암호문 "VPQSBUOCPIFNKPKQZXMNBUOKVPQFINBF"를 분석해 봅시다. "VPQ"가 24를 주기로, "BUO"가 16을 주기로 등장합니다. 24와 16의 최대공약수는 8이므로 키워드의 길이는 8의 약수, 즉 1, 2, 4, 8 중 하나일 가능성이 크다고 판단할 수 있습니다.

이제 각 경우에 대해 무차별 대입 공격을 시도합니다. 만일 암호문이 충분히 길 경우에는 각 잉여류에서의 통계적 공격을 시도할 수도 있습니다.

이렇게 해서 지금까지 대칭키 암호를 소개했습니다. DES(Data Encryption Standard)나 AES(Advanced Encryption Standard) 같은 현대 대칭키 암호는 독자의 몫으로 남깁니다.[8] 여기서는 블록체인 코어를 이해하는 데 더욱 중요한 비대칭키 암호에 초점을 맞춰, 이어지는 절에서 살펴보겠습니다.

## 03 비대칭키 암호

블록체인 프로토콜을 구성하는 근간으로 주소(address)와 디지털 서명(digital signature)이 있으므로 비대칭키 암호는 특히 눈여겨봐야 할 대상입니다. 비록 비대칭키 암호가 더욱 중요하다고 표현하긴 했지만, 이는 블록체인에서의 활용 비중이 높다는 의미일 뿐입니다. 실제로 대칭키 암호와 비대칭키 암호는 상호 보완적인 관계에 있습니다.

7 프리드리히 카지스키(Friedrich Wilhelm Kasiski, 1805~1881)가 개발한 방법입니다. 그러나 그보다 앞서 찰스 배비지(Charles Babbage, 1791~1871)가 개발했던 것으로 나중에 판명됐습니다.

8 고대 암호, 근대 암호, 현대 암호의 구분 기준은 명확하지 않습니다. 통상 종이와 연필 등의 도구를 사용해 생성한 암호를 고대 암호, 기계적 및 전자적 장치를 활용해 생성한 암호를 근대 암호, 컴퓨터를 활용해 생성한 암호를 현대 암호라 칭합니다. 이에 따르자면 고대 암호에서 근대 암호로 넘어가는 역사적 전환점은 제1차 세계대전 및 제2차 세계대전으로 인한 장치의 발전, 근대 암호에서 현대 암호로 넘어가는 역사적 전환점은 컴퓨터의 발전에 기인합니다.

대칭키 암호와 비대칭키 암호의 개념적 차이는 각 시스템이 어떻게 비밀을 유지하는지에 기인합니다. 대칭키 암호에서 비밀은 반드시 두 사람(앨리스와 밥) 사이에서 공유됩니다. 그러나 비대칭키 암호에서 비밀은 개인의 영역입니다.

또한 대칭키 암호가 주로 치환에 기반했다면 비대칭키 암호는 수학적 함수의 적용에 기반합니다. 그래서 일반적으로 대칭키 암호는 비대칭키 암호보다 훨씬 빠르며, 큰 파일이나 데이터베이스에서 더 나은 암호화 성능 및 효율을 보입니다.

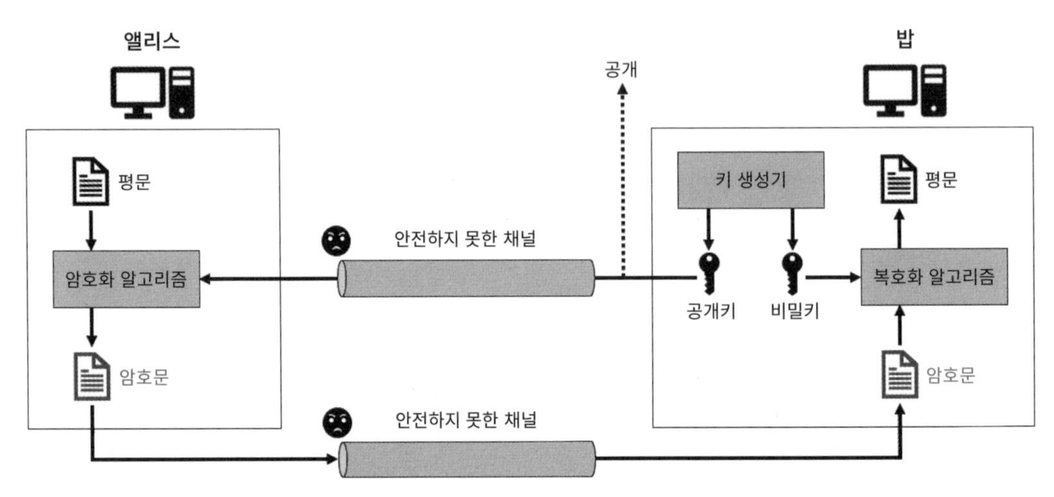


그림 4.18 비대칭키 암호

대칭키 암호와는 달리 비대칭키 암호에서는 한 쌍의 키가 필요합니다. 송신자 앨리스는 수신자 밥의 공개키(public-key)를 이용해 암호문을 생성합니다. 암호문은 네트워크를 통해 밥에게 전송됩니다. 밥은 자신의 비밀키(개인키, private-key)로 암호문을 복호화해서 평문을 얻습니다. 그동안 대칭키 암호와의 차이점을 강조하기 위해 비대칭키 암호라 기술했지만 지금부터는 공개키 암호로 칭하겠습니다.

공개키는 이름에서처럼 누구나 알 수 있습니다(알아도 무방합니다). 반면 비밀키는 소유자만이 알아야 합니다. 누구나 밥의 공개키를 통해 평문을 암호화할 수 있지만, 이를 복호화할 수 있는 것은 대응되는 비밀키를 가진 밥 본인뿐입니다. 그 덕분에 상호 키를 공유하는 절차 없이도 안전하게 통신할 수 있습니다. 송신자는 수신자의 이미 알려진 공개키를 사용하거나 알려져 있지 않다면 안전하지 못한 채널을 통해 이를 요청할 수 있습니다.

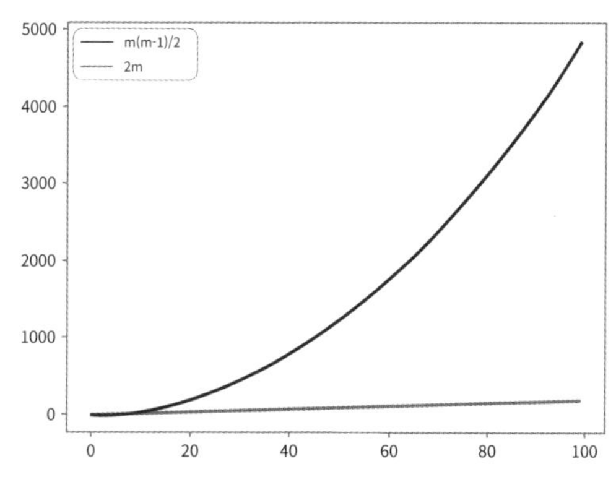


**그림 4.19** 대칭키 암호와 공개키 암호 간 키 개수의 차이

$m$명의 사용자 간에 안전한 통신이 필요한 상황을 가정해봅시다. 대칭키 암호를 사용한다면 통신 하나당 키 하나가 요구되어 서로 다른 $m(m-1)/2$개의 키가 필요합니다. 그러나 공개키 암호에서는 사용자 각자가 공개키 및 비밀키의 두 키만 관리하면 됩니다. 따라서 네트워크 전체적으로 $2m$개의 키만 필요합니다. $m$이 커짐에 따라 차이가 벌어진다는 데 주목합니다.

공개키 암호 시스템을 수식으로 해석하면 다음과 같습니다. $f$와 $g$는 각각 암호화와 복호화에 활용되는 함수이며, 공개키 $K_{public}$과 비밀키 $K_{private}$으로 한 쌍의 키가 존재합니다.

$$C = f(K_{public}, P)$$
$$P = g(K_{private}, C)$$

이때 암호화를 위한 함수 $f$는 일방향 함수(trapdoor one-way function)여야 합니다. 일방향 함수란 계산하기는 쉽지만 역을 구하기는 어려운 함수입니다. 즉, $f^{-1}$을 구하기 어렵습니다. 가령 이산 거듭제곱의 계산은 쉬우나 그 역에 해당하는 이산 로그의 계산은 어려웠다는 것을 떠올려 봅시다.

## RSA 암호 시스템

RSA 암호 시스템은 대표적인, 그리고 최초의 공개키 암호 시스템입니다. RSA라는 명칭은 1978년 본 연구를 진행 및 체계화한 로널드 라이베스트(Ronald Linn Rivest), 아디 샤미르(Adi Shamir), 레너드 애들먼(Leonard Adleman)의 이름을 딴 것입니다.

RSA 암호 시스템에서는 키 생성을 위한 군 $G = < \mathbb{Z}^{*}_{\phi(n)}, \times >$과 암호화 및 복호화를 위한 환 $R = < \mathbb{Z}_{n}, +, \times >$의 두 종류의 대수 구조가 사용됩니다.

공개키와 비밀키의 쌍은 키 생성 과정을 통해 만들어집니다. 사용자는 임의의 서로 다른 소수 $p$와 $q$를 선택합니다. 이로부터 $n=p\times q$를 계산합니다. 오일러 피 함수의 성질에 따라 다음과 같습니다.

$$
\begin{aligned}
&n = p \times q \\
&\phi(n) = (p-1) \times (q-1)
\end{aligned}
$$

이제 1보다 크고 $\phi(n)$보다는 작으면서 $\phi(n)$과 서로소인 임의의 정수 $e$를 하나 고릅니다. 키 생성이 $\mathbb{Z}^*_{\phi(n)}$ 공간에서 진행된다는 점을 떠올려 봅시다. 그 후 다음과 같은 과정으로 $\phi(n)$을 법으로 하는 $e$의 곱셈 역원 $d$를 계산합니다.

$$d = e^{-1} \ mod \ \phi(n)$$

이로써 키 생성 과정은 완료됩니다. 튜플(tuple) $(e, n)$을 공개키로, 정수 $d$를 비밀키로 사용합니다. 비록 복호화 과정에도 정수 $n$이 요구되지만 사용자는 정수 $d$만 비밀리에 보관하면 됩니다.

앞서 언급한 바와 같이 암호화는 공개키, 복호화는 비밀키를 이용해 이뤄집니다. 이를 수식화하면 다음과 같습니다.

$$
\begin{aligned}
&C = P^e \ mod \ n \\
&P = C^d \ mod \ n
\end{aligned}
$$

이는 오일러의 정리를 통해 쉽게 증명됩니다. 밥이 복호화한 메시지 $P_1$는 다음과 같습니다.

$$
\begin{aligned}
&P_1 \\
&= C^d \ mod \ n \\
&= (P^e \ mod \ n)^d \ mod \ n \\
&= P^{ed} \ mod \ n
\end{aligned}
$$

$e$와 $d$는 $\phi(n)$를 법으로 해서 역원 관계에 있으므로 다음이 성립합니다. 여기서 $k$는 임의의 정수입니다.

$$ed = k \times \phi(n) + 1$$

이제 오일러의 정리를 적용할 수 있습니다.

$$
\begin{aligned}
& P_1 \\
&= P^{ed} \ mod \ n \\
&= P^{k \times \phi(n)+1} \ mod \ n \\
&= P \ mod \ n
\end{aligned}
$$

따라서 $P_1$이 ($n$을 법으로 해서) 원본 메시지 $P$와 같음을 확인할 수 있습니다.

공격자 이브가 알고 싶은 정보는 밥의 비밀키인 $d$입니다. 만일 $\phi(n)$이 알려지면 공개키 $(e, n)$으로부터 비밀키 $d$를 계산할 수 있습니다. 그러나 다행스럽게도 $\phi(n)$ 계산의 난이도는 $n$의 소인수분해의 어려움에 달려있습니다. 충분히 큰 소수 $p$와 $q$를 사용하면 소인수분해가 매우 어려워집니다. RSA 암호 시스템에서는 적어도 $p$와 $q$의 크기가 각각 512비트, 즉 $n$의 크기가 1,024비트는 돼야 안전한 것으로 알려져 있습니다.[9]

반면 키 생성에 사용한 $p$와 $q$가 유출되면 $\phi(n)$이 유출된 격이므로 주의해야 합니다. 일반적으로 $p$와 $q$는 키 생성 과정이 끝나면 폐기하는 것이 안전합니다.

키 생성에서부터 암호화 및 복호화 과정을 예시를 통해 살펴보겠습니다. 밥은 $p$와 $q$로 각각 7과 11을 선택했습니다. 이로부터 $n=7\times11$이며 $\phi(n)=(7-1)\times(11-1)=60$입니다. 또한 밥은 1보다는 크고 60보다는 작으며 60과 서로소인 수 $e=7$을 선택했습니다. 따라서 비밀키 $d$는 다음과 같습니다.

$$d = 7^{-1} \ mod \ 60 = 43$$

$d$의 유효성은 $(7\times43) \ mod \ 60=301 \ mod \ 60=1$로 검증할 수 있습니다. 이제 밥의 공개키와 비밀키가 모두 만들어졌습니다. 공개키 $(e, n)=(7,77)$이며 비밀키 $d=43$입니다.

이제 앨리스가 밥에게 평문 5를 암호화해서 보내고자 합니다. 밥의 공개키를 이용해 다음과 같이 암호문을 생성합니다.

$$C = 5^7 \ mod \ 77 = 47$$

밥은 앨리스가 보낸 암호문을 비밀키를 이용해 복호화합니다.

$$P = 47^{43} \ mod \ 77 = 5$$

9 과거의 권고사항으로서 최근에는 더 큰 키를 사용할 것을 권장합니다.

평문 5가 도출되는 것을 확인할 수 있습니다.

위 예시에서처럼 간단한 평문(한 자릿수의 정수)임에도 암호화 및 복호화 과정에 많은 연산이 필요합니다. 만약 메시지의 길이가 길어지면(큰 정수) 연산을 처리하는 것이 매우 느려집니다. 또한 암호문을 전송하는 중에 단 하나의 비트라도 잘못 전달될 가능성이 있다면 RSA 암호 시스템은 운용될 수 없습니다. 따라서 전송 매체는 검출이나 보정을 통해 오류 없는 환경을 제공해야 합니다.

## 타원 곡선 암호

비록 RSA 암호 시스템이 (아직까지는) 안전한 공개키 암호 시스템이긴 하지만 그 안정성은 키의 길이가 충분히 길다는 전제를 바탕으로 합니다. 그러나 큰 키는 저장하거나 전송할 때 많은 불편을 초래합니다.

연구자들은 공개키 암호 시스템을 구축하면서 짧은 키에서도 동등한 수준의 보안을 제공하는 대체재를 찾아왔습니다. 그중 하나가 바로 이번 장에서 설명할 타원 곡선 암호(ECC, Elliptic Curve Cryptography)의 활용입니다. 이후에 설명할 타원 곡선 이산 대수 문제에서는 위수 $t$의 길이가 160비트만 되더라도 길이가 1,024비트인 수 $n$의 소인수분해와 동등한 보안을 확보할 수 있습니다.

### 비특이 타원 곡선

임의의 체에 대해 일반화된 타원 곡선 방정식은 다음과 같습니다.

$$y^2 + b_1xy + b_2y = x^3 + a_1x^2 + a_2x + a_3$$

실수체 상에서의 타원 곡선은 조금 더 특별한 형태의 방정식을 고려할 수 있습니다.

$$y^2 = x^3 + ax + b$$

이때 이 곡선이 비특이(non-singular)하다는 조건이 붙습니다. 비특이 곡선은 기하학적으로 첨점(cusp), 자체교차점(self-intersection), 고립점(isolated point)과 같은 특이점(singularity)이 없습니다. 이는 판별식 $\Delta$이 0이 아님과 동치입니다.

$$\Delta = -16(4a^3 + 27b^2)$$

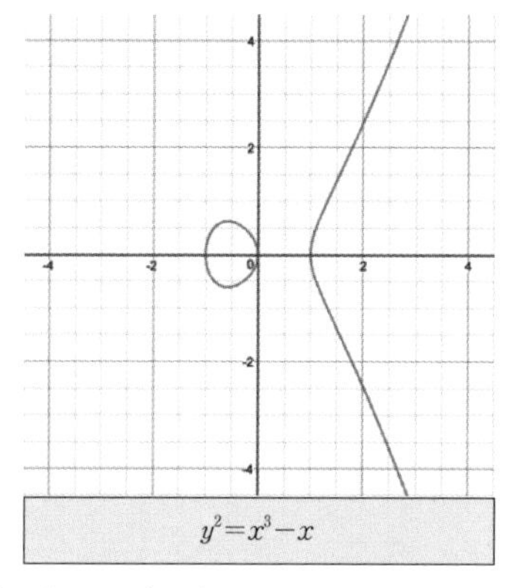


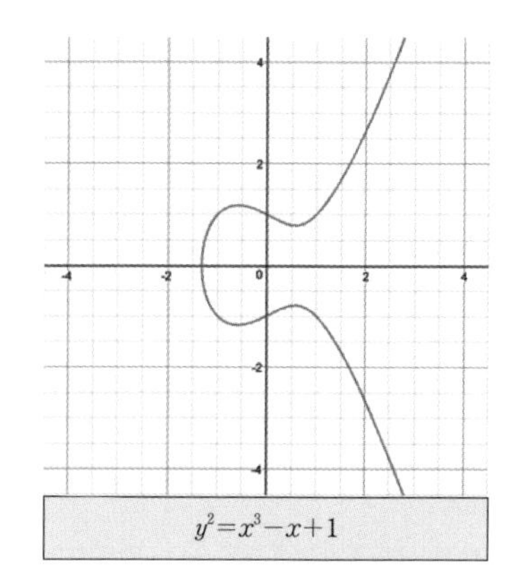


**그림 4.20** $y^2=x^3-x$와 $y^2=x^3-x+1$의 그래프

판별식의 값이 양수라면 비특이 곡선은 두 개의 성분으로, 음수라면 하나의 성분으로 그려집니다. 가령 위 그림의 타원 곡선은 순차적으로 다음과 같이 정의됐습니다. 판별식의 값과 그래프의 형태에 유의합니다.

$$y^2 = x^3 - x$$
$$y^2 = x^3 - x + 1$$

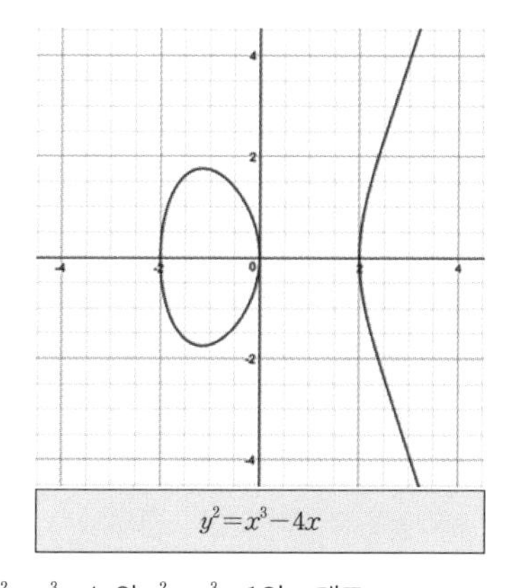


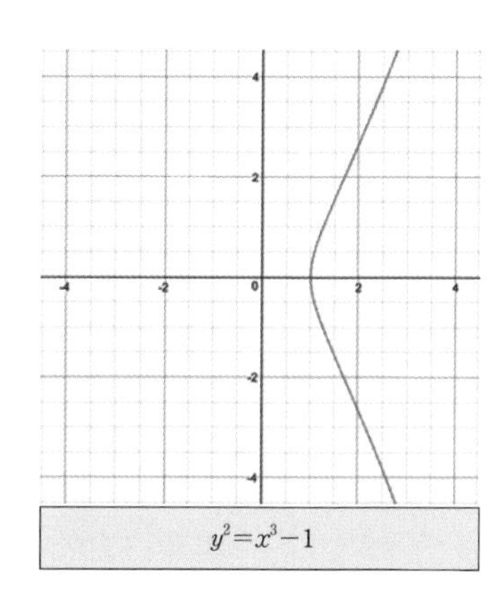


**그림 4.21** $y^2=x^3-4x$와 $y^2=x^3-1$의 그래프

또한 비특이 타원 곡선에서 방정식 $x^3+ax+b=0$은 세 개의 구분된 근(실근 및 허근)을 가집니다. 위 그림에서 타원 곡선의 방정식은 각각 다음과 같습니다.

$$y^2 = x^3 - 4x$$
$$y^2 = x^3 - 1$$

전자는 $x=-2$, $x=0$, $x=2$에서 $y=0$이므로 세 개의 실근을 가집니다. 그러나 후자는 $x=1$의 실근과 두 허근을 가집니다.

### 타원 곡선상의 덧셈 연산

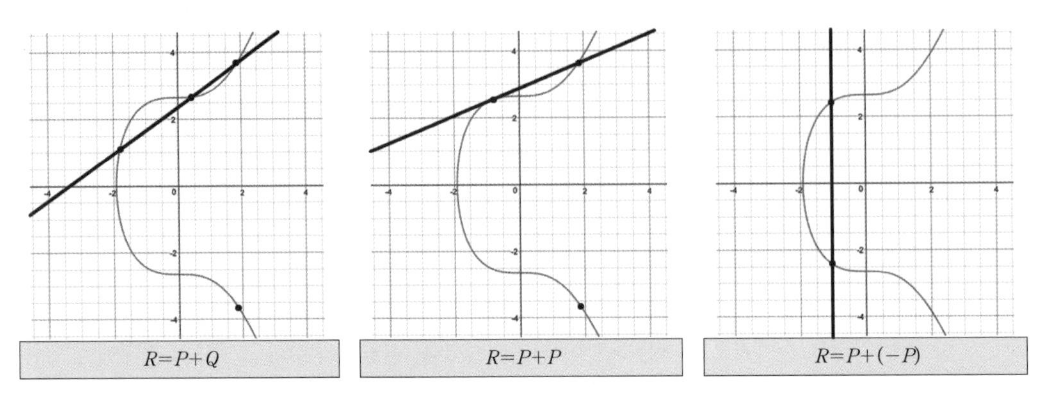


**그림 4.22** 타원 곡선상의 덧셈 연산

비트코인이 타원 곡선에서는 본 곡선상의 점에 대한 덧셈 연산을 정의할 수 있습니다. 곡선상의 두 점 $P=(x_1, y_1)$과 $Q=(x_2, y_2)$에 대해 이들의 합 $R=P+Q=(x_3, y_3)$ 역시 곡선상의 점이 됩니다. 두 점 $P$와 $Q$를 잇는 직선 $l$은 곡선과 다른 한 점 $R'=(x_3, -y_3)$에서 만나는데, 이를 $x$축에 대하여 대칭시킨 점 $R$이 바로 연산의 결과 $P+Q$가 됩니다.

점 $P=Q$, 즉 $P+P$일 경우에 직선 $l$은 점 $P$를 지나는 곡선의 접선이 됩니다.

만일 두 점 $P$와 $Q$가 서로 $x$축에 대해 대칭 관계, 즉 $P=(x_1, y_1)$과 $Q=(x_1, -y_1)$일 때, 두 점을 잇는 직선 $l$은 $y$축과 평행해서 곡선과 다른 한 점에서 만나지 않습니다. 이 경우 연산의 결과는 무한원점(point at infinity) 또는 영점(zero point)이라 불리는 $O$가 됩니다.

이 기하학적 연산을 대수적으로 풀이하면 다음과 같습니다. 타원 곡선상의 두 점 $P=(x_1, y_1)$과 $Q=(x_2, y_2)$를 지나는 직선 $l$이 $y=\alpha x+\beta$ 꼴로 표현될 때, $\alpha$와 $\beta$는 각각 다음과 같습니다.

$$\alpha = \frac{y_2 - y_1}{x_2 - x_1}$$
$$\beta = y_1 - \alpha x_1$$

타원 곡선의 방정식 $y^2=x^3+ax+b$를 떠올려 봅시다. 방정식 $(\alpha x+\beta)^2=x^3+ax+b$를 만족하는 $x$는 직선 $l$ 상의 점이자 동시에 타원 곡선상의 점입니다.

$$(\alpha x + \beta)^2 = x^3 + ax + b$$
$$\Rightarrow x^3 - \alpha^2 x^2 + \cdots$$

준 방정식을 정리하면 전형적인 삼차 방정식의 형태를 보입니다. 이미 $x_1$과 $x_2$는 근임을 알고 있으므로 다른 한 근을 $x_3$라 합시다. 삼차 방정식에서 근과 계수와의 관계를 생각하면 $x_1+x_2+x_3=\alpha^2$를 만족합니다.[10] 따라서 점 $R'=(x_3,-y_3)$에서 $x_3$와 $-y_3$는 다음과 같습니다.

$$x_3 = \alpha^2 - x_1 - x_2$$
$$-y_3 = \alpha x_3 + \beta = \alpha x_3 + (y_1 - \alpha x_1) = \alpha(x_3 - x_1) + y_1$$

따라서 점 $R'$과 $x$축에 대해 대칭인 점 $R=P+Q=(x_3, y_3)$을 계산할 수 있습니다.

$$x_3 = \alpha^2 - x_1 - x_2$$
$$y_3 = \alpha(x_1 - x_3) - y_1$$

만일 점 $P=Q$일 경우에는 점 $P$에서의 미분을 통해 접선의 기울기 $\alpha$를 구할 수 있습니다. 타원 곡선의 방정식 $y^2=x^3+ax+b$를 음함수 미분하면 다음과 같습니다.

$$2yy' = 3x^2 + a$$
$$\Leftrightarrow y' = \frac{3x^2 + a}{2y}$$

따라서 점 $P=(x_1, y_1)$에서의 접선의 기울기 $\alpha$는 다음과 같습니다.

$$\alpha = \frac{3x_1^2 + a}{2y_1}$$

점 $R=P+P=(x_3, y_3)$는 다음과 같이 계산할 수 있습니다.

---

10 $a\neq0$인 삼차 방정식 $ax^3+bx^2+cx+d=0$의 세 근을 $\alpha$, $\beta$ 그리고 $\gamma$라 합시다. 이때 다음을 만족함이 알려져 있습니다.

$$\alpha + \beta + \gamma = -\frac{b}{a}$$
$$\alpha\beta + \beta\gamma + \gamma\alpha = \frac{c}{a}$$
$$\alpha\beta\gamma = -\frac{d}{a}$$

$$x_3 = \left(\frac{3x_1^2 + a}{2y_1}\right)^2 - 2x_1$$
$$y_3 = \left(\frac{3x_1^2 + a}{2y_1}\right)(x_1 - x_3) - y_1$$

무한원점을 포함한 타원 곡선상의 점들의 집합 $E$에 대해 군 $G=<E, +>$는 아벨군을 형성합니다. 따라서 덧셈 연산 '+'의 성질은 다음과 같습니다.

1. 이항연산 '+'에 닫혀있다.
2. 이항연산 '+'에 대해 결합법칙이 성립한다.
3. 이항연산 '+'에 대해 교환법칙이 성립한다.
4. 이항연산 '+'에 대해 항등원이 존재한다. $O$에 해당한다.
5. 이항연산 '+'에 대해 역원이 존재한다. 두 점 $P=(x_1, y_1)$과 $Q=(x_1, -y_1)$는 서로 역원 관계에 있다.

### 타원 곡선상의 스칼라배

덧셈을 확장하는 것으로 자연스럽게 곱셈, 엄밀하게는 스칼라배(scalar multiplication)를 정의할 수 있습니다. 타원 곡선상의 점 $P$와 상수 $k$에 대해 $kP$는 $P$를 $k$번 더하는 것으로 구할 수 있습니다. 즉, $2P=P+P$, $3P=P+P+P$ 등과 같습니다. 이는 연산을 반복하는 거듭제곱 꼴과 같아서 때때로 $k$는 지수(exponent)라 불리기도 합니다.

### 유한체에서 정의된 타원 곡선

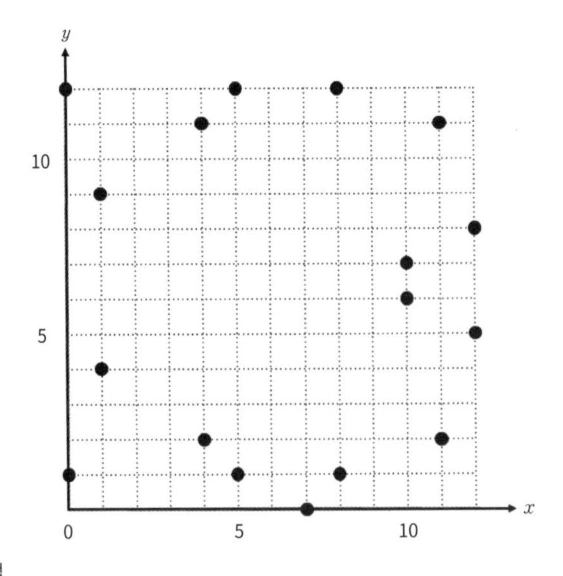


그림 4.23 $E_{13}(1, 1)$상의 점

타원 곡선 암호에서는 유한체 상에서 정의된 타원 곡선을 고려합니다. $p$를 법으로 해서 $y^2 \equiv x^3 + ax + b (mod\ p)$의 합동식 꼴로 기술되는 $GF(p)$ 상에서의 타원 곡선을 $E_p(a, b)$로 칭하겠습니다. 가령 $E_{13}(1, 1)$은 $y^2 \equiv x^3 + x + 1 (mod\ 13)$의 합동식을 가집니다. 따라서 $E_{13}(1, 1)$ 상의 점들은 본 합동식을 만족하는 점 $(x, y)$의 집합과 무한원점으로 구성됩니다.

유한한 타원 곡선상의 점들의 집합에서 덧셈 연산을 기하학적으로 풀이하기는 무리가 있습니다. 그러나 대수적 연산은 여전히 활용할 수 있습니다. 가령 $E_{13}(1, 1)$ 상의 두 점 $P=(4, 2)$와 $Q=(5, 1)$에 관해 $R=P+Q$는 다음과 같이 계산됩니다.

우선 $\alpha=(y_2-y_1)(x_2-x_1)^{-1}$을 계산합니다.

$$\alpha = (1-2)(5-4)^{-1} = 12\ mod\ 13$$

순차적으로 $x_3=\alpha^2-x_1-x_2$와 $y_3=\alpha(x_1-x_3)-y_1$을 계산합니다.

$$x_3 = 12^2 - 4 - 5 = 5\ mod\ 13$$
$$y_3 = 12(4-5) - 2 = 12\ mod\ 13$$

따라서 $R=(5,12)$입니다. $12^2 \equiv 5^3+5+1 \equiv 1 (mod\ 13)$이므로 $R$ 역시 $E_{13}(1, 1)$ 상의 점임을 보일 수 있습니다.

### 타원 곡선 이산 로그 문제

$GF(p)$ 상에서의 타원 곡선에 대해 곡선상의 임의의 점 $P$의 위수는 $tP=O$를 만족하는 가장 작은 정수 $t$로 정의됩니다. 본 타원 곡선과 곡선상의 점 $K$, 위수가 $t$인 곡선상의 점 $G$가 주어졌을 때, $K=kG$를 만족하는 정수 $k \in [0, t-1]$를 구하는 것을 타원 곡선 이산 로그 문제(ECDLP, Elliptic Curve Discrete Logarithm Problem)라 합니다.

타원 곡선 암호는 타원 곡선 이산 로그 문제를 유효한 시간 내에 해결할 수 있는 알고리즘이 아직 없음에 착안했습니다. $k$와 $G$로부터 $K$를 계산하기는 쉽지만, $K$와 $G$로부터 $k$를 유추하기는 매우 어렵습니다. 이러한 일방향성으로부터 $k$를 비밀키로, $K$를 공개키로 삼는 공개키 암호 시스템을 구축할 수 있습니다. 자세한 내용은 실습을 참고합니다.

## 04 디지털 서명

전통적인 서명이라 하면 작성자가 본인임을 증명하기 위한 이름 등의 기록을 의미합니다. 서명은 문서의 일부에 포함되어 해당 문서에 종속적으로 효력을 발휘합니다. 또한 한 개인의 서명은 모든 문서에 대해 동일하므로 서명과 문서는 일대다 관계를 형성합니다.[11]

그러나 디지털 서명은 문서(메시지)와 분리돼 있습니다. 또한 각 문서마다 서로 다른 서명이 만들어지므로 디지털 서명과 문서는 일대일 관계를 형성합니다.

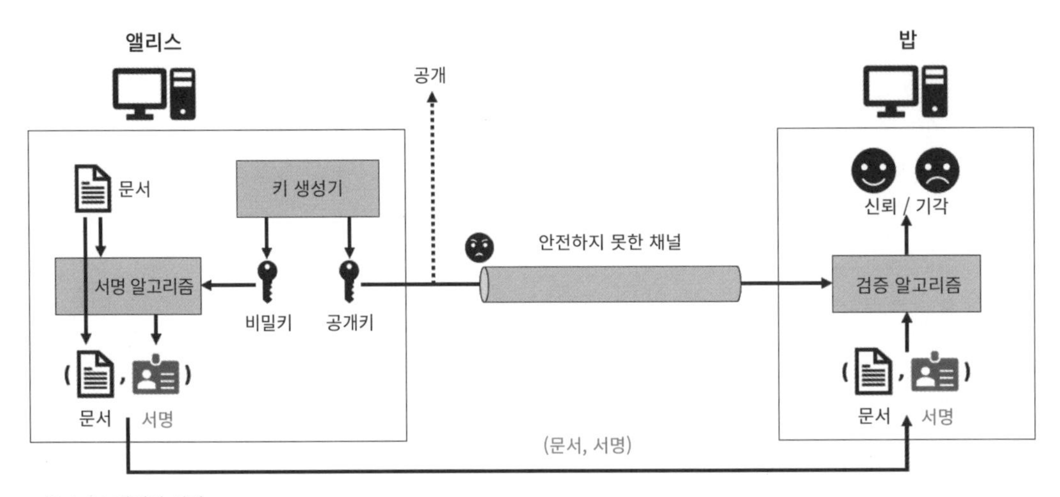


그림 4.24 디지털 서명

디지털 서명은 서명(signing) 알고리즘과 검증(verifying) 알고리즘으로 구성됩니다. 송신자 앨리스는 서명하고자 하는 문서($M$)와 서명 알고리즘을 통해 서명($S$)을 생성합니다. 이후 문서와 서명의 쌍 ($M$, $S$)를 수신자 밥에게 전송합니다. 밥은 ($M$, $S$)에 대해 검증 알고리즘을 거쳐 해당 문서에 대해 유효한 서명인지를 검증합니다. 만일 유효하다면 이 문서는 앨리스가 서명한 것이 맞으므로 신뢰할 수 있습니다.

암호 시스템에서는 수신자의 공개키 및 비밀키를 활용했음을 떠올려 봅시다. 즉, 앨리스는 밥의 공개키로 평문을 암호화해서 암호문을 생성합니다. 밥은 자신의 비밀키로 이를 복호화해서 평문을 확인합니다.

11 혹자는 구분 없이 사용하지만 전자 서명(Electronic Signature)과 엄밀히 구분해서 사용해야 합니다. 디지털 서명은 전자 서명을 제공할 때 필요한 암호화(서명) 및 복호화(검증) 과정을 포괄하는 경향이 큽니다.

반면 디지털 서명은 송신자의 공개키 및 비밀키를 활용합니다. 앨리스는 자신의 비밀키로 문서를 암호화해서 서명을 생성합니다. 밥은 전송받은 문서 및 서명을 토대로 서명을 앨리스의 공개키로 복호화해서 문서와 일치하는지 확인합니다.

### 다이제스트 서명

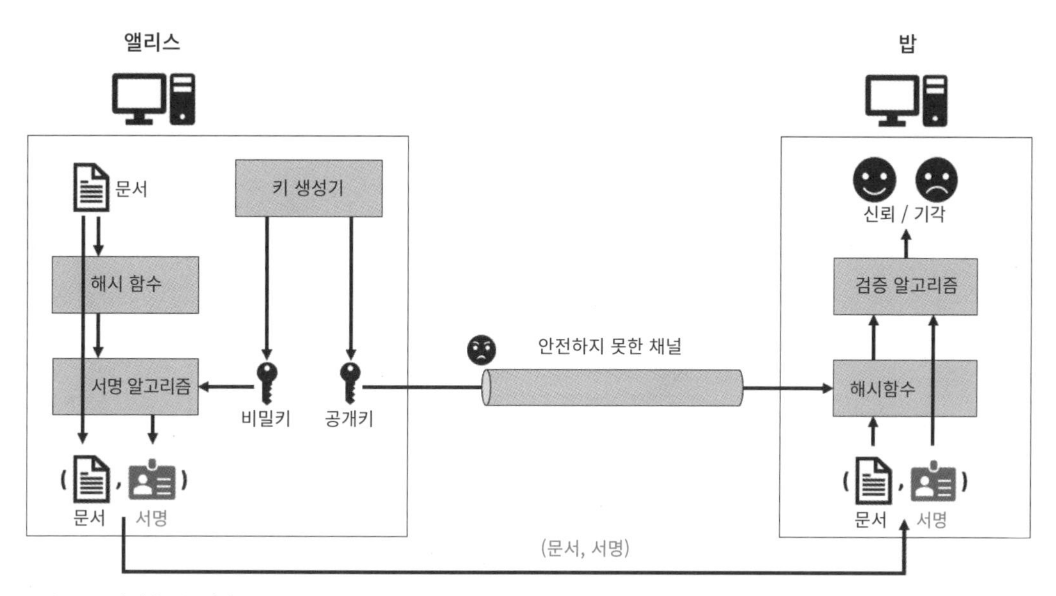


그림 4.25 다이제스트 서명

그러나 공개키 암호 시스템은 긴 문서를 다루기에는 비효율적입니다. 따라서 송신자는 문서 전체를 암호화하기보다 문서의 다이제스트(digest)를 암호화하는 편이 효율적입니다. 다이제스트란 메시지(문서)의 요약이자 ID입니다. 동일한 문서는 동일한 다이제스트를, 다른 문서는 다른 다이제스트를 가집니다. 다이제스트는 해시 함수를 통해 생성할 수 있습니다.

이제 암호화되는 주체는 문서가 아닌 다이제스트입니다. 또한 복호화의 결과로 도출되는 값 역시 다이제스트입니다. 따라서 수신자는 송신자와 동일한 해시 함수로 문서의 다이제스트를 구해 검증해야 합니다.

### 암호화 및 복호화 계층

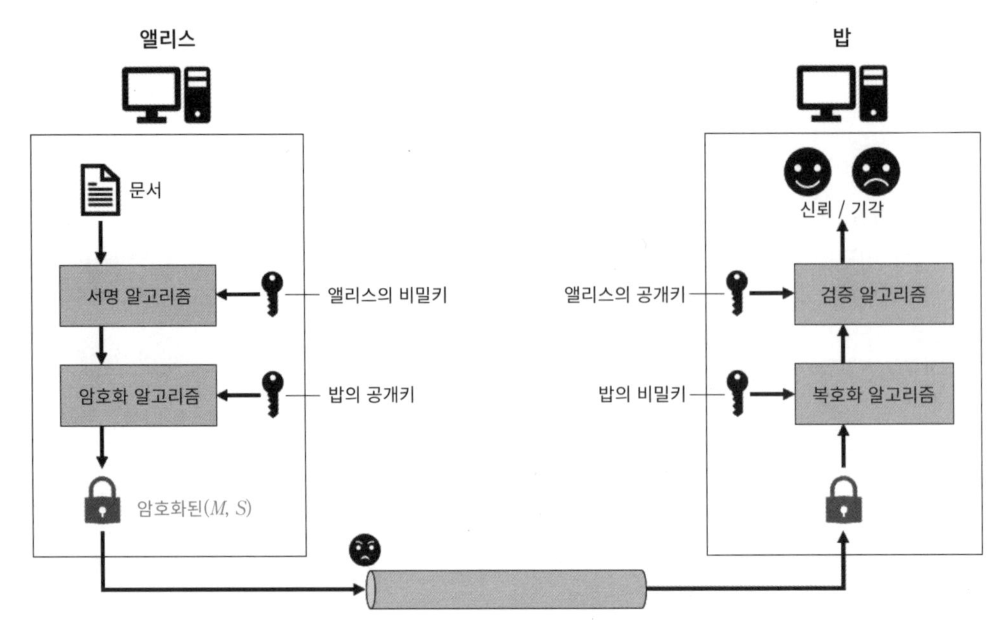


그림 4.26 암호화 및 복호화 계층 추가

디지털 서명은 기밀성 서비스를 제공하지 않습니다. 즉, 문서와 서명은 전송 과정에서 그대로 드러납니다. 만일 정보 보호를 원한다면 별도의 암호화 및 복호화 계층을 추가해야 합니다. 공개키 암호 시스템을 통해 문서와 서명의 쌍 $(M, S)$를 암호화할 수 있습니다.

## 타원 곡선 디지털 서명

타원 곡선 디지털 서명 알고리즘(ECDSA, Elliptic Curve Digital Signature Algorithm)은 타원 곡선을 기반으로 문서의 디지털 서명을 생성합니다. 타원 곡선 암호의 특징상 다른 디지털 서명과는 달리 키의 길이가 짧다는 것이 장점입니다.

### 공개키 및 비밀키 생성

ECDSA에서 활용되는 키 쌍을 생성하는 과정은 다음과 같습니다.

1. 타원 곡선 $E_p(a, b)$를 선택한다. 여기서 $p$는 소수이다.
2. 계산에 사용할 또 다른 소수 $q$를 선택한다.

3. 비밀키로 사용할 정수 $d$를 무작위로 생성한다.

4. 타원 곡선상의 임의의 점 $e_1$을 선택한다.

5. $e_2=de_1$을 계산한다. $e_2$ 역시 타원 곡선상의 점이다.

6. 공개키는 $(a, b, p, q, e_1, e_2)$, 비밀키는 $d$다.

타원 곡선 이산 로그 문제를 떠올려 봅시다. $e_2=de_1$에서 $d$와 $e_1$로부터 $e_2$를 계산하기는 쉽지만 $e_2$와 $e_1$로부터 $d$를 추정하기는 어렵습니다. 따라서 $(a, b, p, q, e_1, e_2)$를 공개키로, $d$를 비밀키로 활용할 수 있습니다.

### 서명 알고리즘

송신자(서명자) 앨리스가 수신자(검증자) 밥에게 문서 및 서명을 전송한다고 해봅시다. 앨리스가 수행해야 할 ECDSA의 서명 알고리즘은 다음과 같습니다.

1. 무작위 정수 $r$을 선택한다. $r$은 $1 \le r \le q-1$의 범위를 가진다.

2. $P=re_1=(u, v)$를 계산한다. $P$ 역시 타원 곡선상의 점이다.

3. $P$의 좌표 $(u, v)$를 통해 첫 번째 서명 $S_1=u \bmod q$를 생성한다.

4. 해시 함수를 통해 구한 문서의 다이제스트 $h(M)$, 앨리스의 비밀키 $d$, 무작위 정수 $r$, 첫 번째 서명 $S_1$으로 두 번째 서명 $S_2=(h(M)+dS_1)r^{-1} \bmod q$를 생성한다.

5. 문서와 서명의 튜플 $(M, S_1, S_2)$를 전송한다.

### 검증 알고리즘

밥이 수행해야 할 검증 알고리즘은 다음과 같습니다.

1. $(M, S_1, S_2)$를 통해 두 개의 중간 결괏값 $A$와 $B$를 계산한다.

$$A = h(M)\, S_2^{-1} \bmod q$$
$$B = S_2^{-1} S_1 \bmod q$$

2. $A$와 $B$를 통해 $T=Ae_1+Be_2=(x, y)$를 계산한다. $T$ 역시 타원 곡선상의 점이다.

3. $T$의 좌표 $(x, y)$를 통해 $V=x \bmod q$를 계산한다.

4. $V$와 $S_1$이 같다면 서명이 유효하다. 그렇지 않다면 서명은 유효하지 않다.

이 디지털 서명이 유효하다는 것은 다음과 같은 과정으로 보여줄 수 있습니다. 검증 알고리즘의 첫 번째 과정에서 $T=Ae_1+Be_2$입니다. 여기서 $e_2$는 $e_2=de_1$이므로 준 식은 다음과 같이 기술됩니다.

$$\begin{aligned} &T \\ &= Ae_1 + Be_2 \\ &= Ae_1 + Bde_1 \\ &= (A + dB)e_1 \end{aligned}$$

여기서 $A$와 $B$는 각각 다음과 같으므로

$$\begin{aligned} A &= h(M)S_2^{-1} \ mod \ q \\ B &= S_2^{-1}S_1 \ mod \ q \end{aligned}$$

준 식은 다음과 같이 기술됩니다.

$$\begin{aligned} &T \\ &= (A + dB)e_1 \\ &= (h(M)S_2^{-1} + dS_2^{-1}S_1)e_1 \\ &= (h(M) + dS_1)S_2^{-1}e_1 \end{aligned}$$

서명 알고리즘의 네 번째 과정에서 $S_2=(h(M)+dS_1)r^{-1} \ mod \ q$입니다. 따라서 준 식은 다음과 같이 기술됩니다.

$$\begin{aligned} &T \\ &= (h(M) + dS_1)S_2^{-1}e_1 \\ &= (h(M) + dS_1)((h(M) + dS_1)r^{-1})^{-1}e_1 \\ &= (h(M) + dS_1)((h(M) + dS_1))^{-1}re_1 \\ &= re_1 \end{aligned}$$

즉, $T=re_1=(x, y)$입니다. 서명의 두 번째 과정에서 $P=re_1=(u, v)$이므로 오직 유효한 서명이 딸린 문서에서만 $V=x \ mod \ q$와 $S_1=u \ mod \ q$가 같습니다.

## 이더리움 트랜잭션 서명

블록체인에서 디지털 서명은 트랜잭션의 승인 및 인증, 부인 방지(non-repudiation), 무결성 입증에 활용됩니다. 트랜잭션을 발생시킨 주체는 이를 승인하기 위해 비밀키로 서명을 생성합니다. 비밀키는 오직 본인만이 알고 있으므로 타인이 승인할 수 없습니다. 서명이 끝난 트랜잭션에 대해 발생을 부인할 수도 없습니다. 또한 서명은 트랜잭션 데이터를 바탕으로 생성되므로 전송 중에 위변조가 없었음을 증빙하는 데 활용됩니다.

다음은 이더리움 프로토콜의 공식 Go 언어 구현체인 geth(Go-Ethereum) 콘솔에서 Ropsten 테스트넷의 트랜잭션인 `0xf3d66c5d1bf34a23a9ec715dd93d72808290deb3c8e4507c6ae74ab065354cab`를 조회한 것입니다. 이는 이더리움 블록체인 탐색기 사이트인 이더스캔(Etherscan)에서도 확인할 수 있습니다.[12]

예제 4.1 이더리움 트랜잭션 조회

```
> eth.getTransaction("0xf3d66c5d1bf34a23a9ec715dd93d72808290deb3c8e4507c6ae74ab065354cab")
{
    blockHash: "0xb74a43189e2d803687666772dda952107c109615923f36b462013d5e078d9165",
    blockNumber: 5357446,
    from: "0x3c4f8f769281c9d4fdba191522171f1743b8947c",
    gas: 21000,
    gasPrice: 21000000000,
    hash: "0xf3d66c5d1bf34a23a9ec715dd93d72808290deb3c8e4507c6ae74ab065354cab",
    input: "0x",
    nonce: 4411,
    r: "0xa09aa28efc271921217d312b72790d3a7fc6fb921d252cd1cb7dc8971022cffb",
    s: "0x62348b360daff0edf593a9cf762dc6ea8f1503c28444da177ebc618484171560",
    to: "0xfc9e922a85057f87da7cdd3bc72b1d42cc913195",
    transactionIndex: 0,
    v: "0x29",
    value: 1882000000000000
}
```

geth 콘솔의 `eth.getTransaction()` 명령어 혹은 이더스캔을 통해 해당 트랜잭션과 관련된 많은 정보를 조회할 수 있으나, 실제로 트랜잭션이 담고 있는 정보는 그리 많지 않습니다. 트랜잭션은 다음 정보만 포함합니다.

12 https://ropsten.etherscan.io/tx/0xf3d66c5d1bf34a23a9ec715dd93d72808290deb3c8e4507c6ae74ab065354cab

- 논스(nonce): 송신자로부터 보내진 트랜잭션의 양을 의미합니다. 0부터 시작해 각 트랜잭션이 보내질 때마다 1씩 증가합니다. 논스는 메시지 재사용 방지 및 순차 처리를 위해 사용됩니다. 작업 증명에서의 논스와는 활용처가 다릅니다.
- 가스 가격(gasPrice): 송신자가 지불할 가스의 가격입니다. 단위는 웨이(wei)입니다.
- 가스 한도(gas): 트랜잭션을 실행하기 위해 사용할 가스의 최대량입니다.
- 수신자(to): 트랜잭션의 목적지 주소입니다.
- 값(value): 수신자에게 보낼 이더의 양입니다. 단위는 웨이입니다.
- 입력(input) 또는 데이터(data): 임의의 메시지, 스마트 계약의 생성, 스마트 계약의 함수 호출을 위한 항목입니다.
- $v, r, s$: 디지털 서명을 위해 사용되는 항목입니다.

송신자(from) 항목이나 트랜잭션을 포함한 블록 번호 및 블록 해시, 트랜잭션 ID(해시값) 등은 파생된 정보로서 트랜잭션을 구성하는 요소가 아닙니다.

### secp256k1 타원 곡선

이더리움에서는 트랜잭션을 대상으로 ECDSA를 수행합니다. 블록체인에서 합의를 도출하기 위해서는 모든 참여자가 동일한 암호 시스템을 사용해야 합니다. 만일 타원 곡선 암호 시스템을 사용한다면 수많은 타원 곡선 중에서 어느 꼴을 사용할 것인지를 명시해야 합니다. 따라서 다음과 같은 함수로 정의되는 타원 곡선을 명시합니다.

$$y^2 \equiv x^3 + 7 \,(mod\ p) \text{ 또는 } y^2\ mod\ p = (x^3 + 7)\ mod\ p$$

이를 secp256k1 타원 곡선이라 합니다.[13] 여기서 $p$는 소수이며 다음과 같은 값을 가집니다.

$$p = FFFFFFFF\ FFFFFFFF\ FFFFFFFF\ FFFFFFFF\ FFFFFFFF\ FFFFFFFF\ FFFFFFFE\ FFFFFC2F$$
$$= 2^{256} - 2^{32} - 2^9 - 2^8 - 2^7 - 2^6 - 2^4 - 1$$

본 식으로부터 secp256k1 타원 곡선은 유한체 상에서 정의됐음을 알 수 있습니다. $E_p(a, b)$ 표기법에 따르면 $E_p(0, 7)$에 해당합니다.

또한 secp256k1 표준에는 사전에 정의된 타원 곡선상의 점이 있습니다. 이를 생성자 점(generator point) $G$라 칭합니다. $G$는 표준을 준수하는 블록체인 네트워크 참여자 모두에게 동일한 값입니다.

13 Certicom Research, "SEC 2: Recommended Elliptic Curve Domain Parameters", Standards for Efficient Cryptography, Sep 2000

$G = (79BE667E\ F9DCBBAC\ 55A06295\ CE870B07\ 029BFCDB\ 2DCE28D9\ 59F2815B\ 16F81798,$
$483ADA77\ 26A3C465\ 5DA4FBFC\ 0E1108A8\ FD17B448\ A6855419\ 9C47D08F\ FB10D4B8)$

$G$의 위수를 $n$이라 합니다. $n$은 $p$보다 작은 소수입니다.

$n = FFFFFFFF\ FFFFFFFF\ FFFFFFFF\ FFFFFFFE\ BAAEDCE6\ AF48A03B\ BFD25E8C\ D0364141$

Schoof 알고리즘 등을 통해 유한체 상에서 정의된 타원 곡선의 점의 개수, 즉 타원 곡선의 점들이 이루는 군의 위수를 계산할 수 있습니다.[14] 라그랑주 정리에 의해 원소의 위수는 군의 위수의 약수임을 이미 알고 있습니다. 이제 여인수(cofactor) $h$를 생각해 볼 수 있는데, 이는 군의 위수를 $n$으로 나눈 값입니다. secp256k1에서 $h$는 1의 값을 가집니다.

### 서명 알고리즘

앨리스가 이더의 송금 혹은 스마트 계약의 호출을 위해 트랜잭션을 발생시켰다고 가정해봅시다. 우선 트랜잭션 데이터를 RLP 인코딩해 서명의 대상 $M$을 생성합니다.[15] 그리고 $M$을 입력으로 Keccak-256 해시 함수를 거쳐 다이제스트 $Keccak256(M)$을 구합니다.

이제 다음의 과정을 거쳐 서명 $(r, s)$가 생성됩니다.

1. 본 과정에서만 일시적으로 사용되는 임시 비밀키 $q$를 생성한다.
2. 임시 공개키 $Q = qG$를 계산한다. $Q$ 역시 타원 곡선상의 점이다.
3. 서명 $r$은 임시 공개키 $Q$의 $x$좌표다.
4. 트랜잭션 데이터의 다이제스트 $Keccak256(M)$, 앨리스의 비밀키 $k$, 임시 비밀키 $q$, 서명 $r$로부터 서명 $s = (Keccak256(M) + kr)\ q^{-1}\ mod\ n$을 생성한다.
5. 트랜잭션 데이터 $M$에 대한 서명은 $(r, s)$이다.

### 검증 알고리즘

밥은 앨리스가 브로드캐스트한 트랜잭션을 전송받습니다. 밥이 수행해야 할 검증 알고리즘은 다음과 같습니다.

14 René Schoof, "Elliptic curves over finite fields and the computation of square roots mod p", Mathematics of computation, 1985

15 RLP(Recursive Length Prefix)는 임의의 길이와 깊이로 중첩된 바이너리(binary) 데이터의 배열을 인코딩하기 위해 사용됩니다. RLP는 이더리움에서 직렬화를 위해 주로 사용합니다.

1. $(M, r, s)$를 통해 두 개의 중간 결괏값 $A$와 $B$를 계산한다.

$$A = Keccak256(M)s^{-1} \ mod \ n$$
$$B = s^{-1}r \ mod \ n$$

2. 앨리스의 공개키 $K=kG$, $A$와 $B$를 통해 $Q'=AG+BK$를 계산한다. $Q'$ 역시 타원 곡선상의 점이다.

3. 중간값 $r'$은 계산한 $Q'$의 $x$좌표다.

4. $r'$과 서명 $r$이 같다면 서명이 유효하다. 그렇지 않다면 서명은 유효하지 않다.

즉 검증 알고리즘은 트랜잭션 데이터 $M$, 서명 $(r, s)$, 송신자의 공개키 $K$로부터 임시 공개키 $Q$를 재계산하는 과정입니다.

### 공개키 복구

임시 공개키 $Q$를 재계산하기 위해서는 송신자의 공개키 $K$가 필요합니다. 그러나 이더리움의 트랜잭션에는 송신자의 공개키가 포함돼 있지 않습니다. 대신 트랜잭션 데이터 $M$, 서명 $(r, s)$와 별도의 항목 $v$로부터 공개키를 복구할 수 있습니다.

1. 서명 $r$은 타원 곡선 상의 점 $Q$의 $x$좌표다.

2. $r$과 타원 곡선의 식 $y^2 \equiv x^3+7(mod \ p)$로부터 $y$좌표를 계산할 수 있다. 이로부터 점 $Q$의 후보군 $Q_1$과 $Q_2$를 구한다. $p$가 홀수이므로 $Q_1$과 $Q_2$ 중 하나는 $y$좌표가 홀수, 나머지 하나는 $y$좌표가 짝수다. 편의상 전자를 $Q_1$ 그리고 후자를 $Q_2$라 하자.

3. $Q_1$과 $Q_2$로부터 공개키 $K$의 후보군 $K_1$과 $K_2$를 계산한다.

$$K_1 = (sQ_1 - Keccak256(M)G)r^{-1}$$
$$K_2 = (sQ_2 - Keccak256(M)G)r^{-1}$$

4. $v$의 값이 짝수이면 $K_1$이 공개키, 홀수이면 $K_2$가 공개키다.

### $v$의 계산

$v$의 값을 구하기 위해서는 우선 복구 식별자(recid, recovery identifier)를 구해야 합니다. 기본적으로 점 $Q$의 $y$좌표가 짝수라면 0을, 홀수라면 1을 복구 식별자에 할당합니다.

지금까지는 공개키 후보가 2개인 상황만 가정했습니다. 그러나 $n$이 $p$보다 작으므로 어느 $r$에 대해서는 도출 가능한 $x$좌표가 2개일 수 있습니다. 따라서 공개키 후보가 4개일 수 있습니다($2\times(h+1)$). 이더리움 프로토콜에서는 이러한 상황을 오버플로우(overflow)라 칭하고, 점 $Q$의 $y$좌표가 짝수라면 2를, 홀수라면 3을 복구 식별자에 할당합니다. 오버플로우 상황은 암호학적으로 불가능한 수치라 칭할만큼 매우 희박한 확률로 등장합니다.

다음은 geth에서 복구 식별자를 계산하는 부분입니다.

예제 4.2 이더리움의 복구 식별자 계산[16]

```
if (recid) {
    *recid = (overflow ? 2 : 0) | (secp256k1_fe_is_odd(&r.y) ? 1 : 0);
}
```

현재 이더리움 프로토콜에서는 프론티어(Frontier), 홈스테드(Homestead), EIP-155의 세 종류의 서명자(signer)를 지정할 수 있습니다(2019년 4월 8일 기준). 서명자에 따라 $v$를 계산하는 방식이 달라집니다.

예제 4.3 이더리움의 서명자 지정[17]

```
func MakeSigner(config *params.ChainConfig, blockNumber *big.Int) Signer {
    var signer Signer
    switch {
    case config.IsEIP155(blockNumber):
        signer = NewEIP155Signer(config.ChainID)
    case config.IsHomestead(blockNumber):
        signer = HomesteadSigner{}
    default:
        signer = FrontierSigner{}
    }
    return signer
}
```

16 https://github.com/ethereum/go-ethereum/blob/release/1.8/crypto/secp256k1/libsecp256k1/src/ecdsa_impl.h#L294

17 https://github.com/ethereum/go-ethereum/blob/release/1.8/core/types/transaction_signing.go#L42

프론티어 서명자는 복구 식별자에 27을 더하는 것으로 $v$를 계산합니다. 즉, $v=recid+27$입니다. 홈스테드 서명자 역시 프론티어 서명자의 방법을 따릅니다.

EIP-155 서명자는 $v$의 계산에 체인 식별자(chainID, chain identifier) 항목이 포함됩니다. 이제 $v$는 다음과 같이 계산됩니다.

$$v = chainID * 2 + recid + 35$$

EIP-155는 단순 반복 공격 방지(simple replay attack protection)를 위한 제안입니다.[18] 트랜잭션에 체인 식별자가 포함되므로, 어느 블록체인에서 생성된 트랜잭션이 다른 블록체인에서 더는 유효하지 않습니다. 가령 이더리움 메인넷(mainnet)의 트랜잭션은 테스트넷(testnet)에서 유효하지 않습니다. 다음은 일부 체인 식별자의 목록입니다.

| 체인 식별자 | 체인 |
|---|---|
| 1 | 이더리움 메인넷 |
| 2 | Morden (미사용), 확장 메인넷 |
| 3 | Ropsten |
| 4 | Rinkeby |
| 5 | Goerli |
| 42 | Kovan |
| 1337 | Geth 사설 체인 (기본값) |

그림 4.27 체인 식별자 목록

# 05 영지식 증명

영지식 증명(zero-knowledge proof)이란 어떤 문장이 참임을 증명할 때 해당 문장의 참 또는 거짓 여부를 제외한 다른 어떠한 정보도 노출되지 않는 상호 절차를 의미합니다. 영지식 증명은 다음의 세 가지 성질을 만족시켜야 합니다. 어떤 문장이 참임을 증명하려는 측을 증명자(prover)라 하고, 증명 과정에 참여해서 정보를 교환하는 측을 검증자(verifier)라 합니다.

1. 완전성(completeness): 어떤 문장이 참이면 정직한 증명자는 정직한 검증자에게 이 사실을 납득시킬 수 있어야 한다.

18 EIP(Ethereum Improvement Proposal)는 이더리움 개선 제안을 의미합니다.

2. 건실성(soundness): 어떤 문장이 거짓이면 어느 부정직한 증명자라도 정직한 검증자에게 이 문장이 사실이라고 납득시킬 수 없어야 한다.

3. 영지식성(zero-knowledgeness): 검증자는 어떤 문장의 참 또는 거짓 외에는 아무것도 알 수 없어야 한다.

영지식성에서 '알 수 없어야 하는 정보'는 실로 그 폭이 넓은데, 가령 A라는 검증자가 어떤 문장을 검증했다고 해서 B라는 검증자가 그 사실을 활용할 수 없어야 합니다. 증명자와 A 사이에서의 검증이 B로부터 활용되는 순간 또 다른 정보로 기능하기 때문입니다. 따라서 B가 해당 문장의 참 또는 거짓 여부를 알고자 한다면 직접 증명자와의 검증 과정을 거쳐야 합니다.

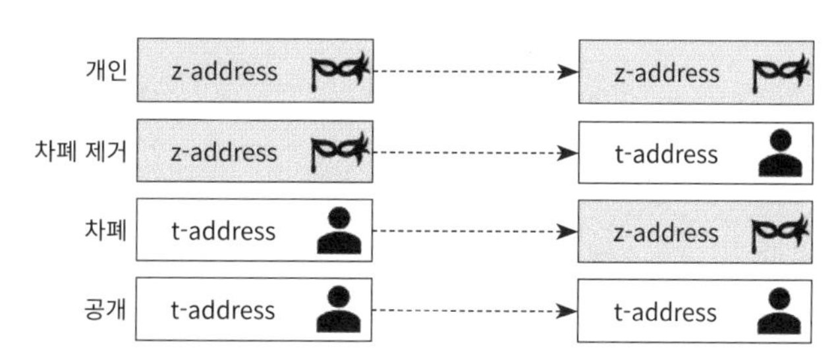


그림 4.28 지캐시의 다양한 거래 종류

블록체인의 원장은 누구나 접근하고 열람할 수 있습니다. 그렇기 때문에 누군가의 주소만 안다면 과거부터 현재까지의 거래, 잔고 상황, 사용한 분산앱 등 모든 활동 내역을 알아낼 수 있습니다. 사용자 개인 정보(privacy)가 노골적으로 드러나는 것입니다. 이때 영지식 증명을 활용하면 송신자 주소, 수신자 주소, 금액과 같은 거래의 구체적인 사항은 숨긴 채로 유효함을 증명할 수 있습니다.

지캐시(Zcash)는 영지식 증명 기술인 zk-SNARKs를 활용한 대표적인 프라이버시 코인(privacy coin)입니다.[19] 비트코인처럼 지캐시의 거래 역시 공개된 원장에 기록됩니다. 그러나 비트코인과는 달리 지캐시는 개인 정보를 선택적으로 은닉할 수 있습니다.

지캐시에는 'z-address'로 명명되는 개인 주소와 't-address'로 명명되는 공개 주소가 존재합니다. 이들 사이에서 발생하는 거래는 개인(private), 차폐 제거(deshielding), 차폐(shielding), 공개(public)의 네 종류로 분류됩니다.

- 개인 거래는 개인 주소 간의 거래입니다. 개인 거래에서는 송신자와 수신자의 주소와 금액이 은닉됩니다. 오직 거래가 발생했고 수수료가 지불됐다는 사실만 알 수 있습니다.
- 차폐 제거 거래는 개인 주소에서 공개 주소로의 거래입니다.

19 https://z.cash

- 차폐 거래는 공개 주소에서 개인 주소로의 거래입니다. 이로부터 거래 내역을 공개하기 시작하거나 또는 은닉하기 시작할 수 있습니다.
- 공개 거래는 일반적인 비트코인에서의 거래와 동일합니다.

영지식 증명의 용도는 비단 프라이버시 코인의 구현으로 한정되지 않습니다. 영지식 증명을 활용하면 검증에 필요한 데이터의 크기 및 절차가 줄어들므로 확장성 문제의 해결책으로도 응용할 수 있습니다. 가령 코다(Coda)[20]는 올바른 블록을 생성했다는 증명만을 블록에 담아 간결한 원장을 구축합니다.

## 어린이를 위한 영지식 증명

영지식 증명을 수학적으로 구현하기에 앞서 장 자크 키스케다의 "어린이를 위한 영지식 증명"을 우선 살펴봅시다.[21, 22]

증명자 페기(Peggy)는 어떤 동굴 안에 설치된 비밀 문의 열쇠(가령 "열려라 참깨")를 알고 있습니다. 이 동굴은 도넛과도 같은 모양으로 돼 있어 비밀 문에 도달하기 위해서는 A 통로나 B 통로 중 하나로 접근해야 합니다. 비밀 문의 반대편에는 동굴의 입구가 있고, 입구에서는 비밀 문의 모습이 보이지 않습니다. 검증자 빅터(Victor)는 페기가 비밀 문을 열 수 있다는 것을 검증하고 싶습니다.

그러나 페기는 자신이 열쇠를 알고 있다는 사실은 증명하고 싶지만 암호 자체는 알려주기 싫으며, 심지어 검증자를 제외한 다른 사람에게 자신이 열쇠를 가지고 있다는 사실을 알리기도 싫습니다. 얼핏 무리한 요구라 생각되지만 이럴 때야말로 영지식 증명이 크게 활약합니다.

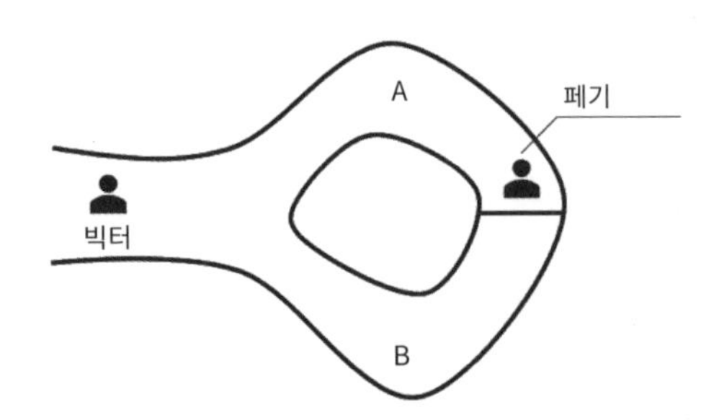


그림 4.29 어린이를 위한 영지식 증명

20 https://codaprotocol.com

21 Quisquater JJ, "How to Explain Zero-Knowledge Protocols to Your Children", CRYPTO 1989: Advances in Cryptology — CRYPTO' 89 Proceedings, pp.628-631, 1990

22 장 자크 키스케다(Jean-Jacques Quisquater, 1945~)는 암호학자이자 UCLouvain(Université catholique de Louvain)의 교수입니다.

우선 페기가 A 통로 혹은 B 통로 중 무작위로 아무 통로나 골라 비밀 문으로 이동합니다. 이때 빅터는 동굴 입구 밖에 있으므로 페기가 어떤 통로를 선택했는지 알 수 없습니다. 이후 빅터가 동굴 입구로 접근해 A 통로 혹은 B 통로 중 무작위로 아무 통로나 골라 페기에게 외칩니다. 페기는 그 말을 듣고 빅터가 선택한 통로로 향합니다.

만일 페기에게 비밀 문의 열쇠가 없다면 페기는 처음 선택한 통로로만 나올 수 있습니다. 따라서 50%의 확률로 빅터의 요구를 만족할 수 없습니다.

위와 같은 실험을 여러 번 반복하면 페기가 빅터의 요구를 모두 만족시킬 확률이 크게 줄어듭니다. 가령 20번의 반복을 모두 만족시킬 확률은 $1/2^{20}$, 즉 100만 분의 1보다 작습니다. 이런 경우 페기에게 비밀 문의 열쇠가 있다고 생각하는 편이 자연스럽습니다.

페기는 빅터에게 문장의 참 또는 거짓 정보 외에 다른 어떠한 정보도 누설하지 않았으며, 빅터 외의 다른 모든 사람에게는 어떠한 정보도 주지 않았습니다. 만일 빅터가 페기와의 실험을 모두 녹화해서 제삼자에게 보여준다고 하더라도 증빙자료로 사용될 수 없는데, 왜냐하면 사전에 페기와 빅터가 어떤 통로로 나올지를 약속하고 사기를 쳤을 수도 있기 때문입니다. 따라서 본 증명은 빅터에게만 유효한 증명이 됩니다.

## 영지식 증명의 수학적 구현

유한체에서 곱셈이 잘 정의되므로 어느 수의 거듭제곱을 생각할 수 있음을 떠올려 봅시다. 또한 자연스럽게 이산 로그를 생각할 수 있었습니다. 이산 거듭제곱은 단순 연산의 반복으로 간단히 구할 수 있으나 이산 로그 문제를 효율적으로 해결하는 알고리즘은 알려지지 않았습니다. 이러한 일방향 함수의 아이디어에서 영지식 증명을 구현할 수 있습니다.

페기는 빅터에게 주어진 값 $y$에 대한 이산 로그 값 $x$를 알고 있음을 증명하고자 합니다. 그러나 그 값을 알려주기는 싫습니다. 영지식 증명을 통해 다른 정보는 누설하지 않으면서, 특정 $y$와 생성자 $g$로부터 $y=g^x \ mod \ p$를 만족시키는 $x$를 알고 있음을 증명해봅시다.

페기는 우선 $y=g^x \ mod \ p$를 계산하고 그 값을 빅터에게 전송합니다. 또한 페기는 무작위로 선정된 값을 이용해 $C=g^r \ mod \ p$를 계산하고 그 값을 빅터에게 전송합니다. 이후 빅터는 페기에게 $(x+r) \ mod \ (p-1)$ 혹은 $r$ 값 중 하나를 요구합니다.

만일 전자를 요구한 경우 빅터는 $C \cdot y \equiv (x+r) \ mod \ (p-1) \ (mod \ p)$로부터 $C \cdot y$를 검증할 수 있습니다. 후자인 경우 $C=g^r \ mod \ p$로부터 $C$를 검증할 수 있습니다. 각 라운드마다 $C \cdot y$ 혹은 $C$를 검

증할 확률은 50%에 해당하며, 많은 라운드를 모두 통과했을 경우에는 페기가 거짓말을 할 확률이 크게 줄어듭니다. 따라서 페기는 $y$를 올바르게 구할 수 있으며 계산에 필요한 $x$를 알고 있다고 생각하는 편이 자연스럽습니다.

## 06 실습

지금까지의 구현체에서는 사용자의 최소 단위가 노드였습니다. 각 노드는 URI로 식별되고, HTTP를 통해 노드에 명령을 내립니다.

이제 주소 개념을 도입해서 이로부터 사용자를 식별하고자 합니다. 개념상 한 노드에 여러 주소가 있을 수 있으며, 각자 구분된 활동을 할 수 있습니다.

사용자별로 자원(데이터 등)을 관리하도록 지원하는 도구를 관례적으로 지갑(wallet)이라 부릅니다. 이번 실습에서는 비밀키의 생성, 저장, 대응되는 공개키 생성 등의 역할을 수행하는 아주 단순한 형태의 지갑을 구현합니다.

개발자는 자신이 설계한 블록체인의 목적과 필요에 따라 다양한 기능을 더할 수 있습니다. 가령 여러 명의 참여자가 동의해야만 자원을 운용할 수 있는 멀티시그(Multisignature, Multisig) 지갑 등이 있습니다.

### 비밀키 생성

다음 코드를 통해 이번 구현체는 secp256k1 타원 곡선을 기반으로 타원 곡선 디지털 서명 알고리즘(ECDSA)을 사용하는 것을 명시합니다. 타원 곡선 암호 시스템을 활용하려면 자바스크립트 라이브러리인 elliptic이 필요합니다.[23]

예제 4.4 elliptic 라이브러리 설치

```
$ npm install elliptic --save
```

23 https://github.com/indutny/elliptic

예제 4.5 라이브러리 호출 및 암호화 알고리즘 명시

```
const ecdsa = require("elliptic");
const ec = new ecdsa.ec("secp256k1");
```

다음은 비밀키 생성 부분입니다. 높은 가독성과 손쉬운 사용을 위해 비밀키는 64자리의 16진수 문자열로 취급합니다.

예제 4.6 비밀키 생성

```
function generatePrivateKey() {
    const keyPair = ec.genKeyPair();
    const privateKey = keyPair.getPrivate();
    return privateKey.toString(16);
}
```

비밀키는 생성을 요청할 때마다 무작위로 생성됩니다.

가장 간단하게 비밀키를 만드는 방법은 동전을 던져 앞면이 나오면 1을, 뒷면이 나오면 0을 기록하는 행위를 반복하는 것입니다. 이를 256번 반복해서 생성한 결과는 256비트의 무작위 값과 같습니다.

잘 만든 비밀키는 정말로 무작위 값이어서 그 경우의 수가 $2^{256}$개나 됩니다. 이는 약 $10^{77}$에 해당합니다. 관측 가능한 우주의 총 원자 수가 약 $10^{80}$개이므로 비밀키가 서로 겹칠 확률은 매우 희박합니다.

환경변수를 통해 비밀키를 저장할 경로를 설정합니다. 환경변수를 설정하지 않을 경우 경로의 기본값은 "wallet/default"로 설정됩니다.

예제 4.7 경로 설정

```
const privateKeyLocation = "wallet/" + (process.env.PRIVATE_KEY || "default");
const privateKeyFile = privateKeyLocation + "/private_key";
```

예제 4.8 환경변수 추가와 확인, 해제

```
$ export PRIVATE_KEY=my_key
$ env | grep PRIVATE_KEY
PRIVATE_KEY=my_key
$ unset PRIVATE_KEY
```

윈도우 터미널에서는 다음 명령을 수행합니다.

예제 4.9 윈도우 터미널에서의 환경변수 추가와 확인, 해제

```
$ set PRIVATE_KEY=my_key
$ set PRIVATE_KEY
PRIVATE_KEY=my_key
$ set PRIVATE_KEY=
```

다음 코드를 통해 비밀키를 저장할 수 있습니다. 본 구현에서는 비밀키를 암호화되지 않은 파일로 저장한다는 데 유의합니다. 본래 비밀키는 엄중하게 보호해야 하며, 따라서 암호화해서 저장하는 것이 바람직합니다.

예제 4.10 비밀키 저장

```
// const fs = require("fs"); // Already imported

function initWallet() {
    if (fs.existsSync(privateKeyFile)) {
        console.log("Load wallet with private key from: %s", privateKeyFile);
        return;
    }

    if (!fs.existsSync("wallet/")) { fs.mkdirSync("wallet/"); }
    if (!fs.existsSync(privateKeyLocation)) { fs.mkdirSync(privateKeyLocation); }

    const newPrivateKey = generatePrivateKey();
    fs.writeFileSync(privateKeyFile, newPrivateKey);
    console.log("Create new wallet with private key to: %s", privateKeyFile);
}

initWallet();
```

비밀키는 해당 경로하에 private_key라는 이름의 파일로 저장됩니다. 다음 명령을 통해 내용을 확인할 수 있습니다.

예제 4.11 비밀키 확인

```
$ cat wallet/my_key/private_key
692333d86c73fad39550f8e107c7c6ab0fc94d46b4b6d80962e6996e622e8371
```

윈도우 터미널에서는 다음 명령을 수행합니다.

예제 4.12 윈도우 터미널에서의 비밀키 확인

```
$ type wallet/my_key/private_key
692333d86c73fad39550f8e107c7c6ab0fc94d46b4b6d80962e6996e622e8371
```

저장한 비밀키는 다음과 같은 방법으로 불러옵니다. 16진수 문자열로 저장했으므로 불러온 형태 그대로 활용할 수 있습니다.

예제 4.13 비밀키 불러오기

```
function getPrivateFromWallet() {
    const buffer = fs.readFileSync(privateKeyFile, "utf8");
    return buffer.toString();
}
```

## 공개키 생성

공개키는 다음과 같은 과정을 거쳐 비밀키로부터 계산됩니다.

- 무작위로 생성한 비밀키를 $k_{private}$라 합니다.
- $k_{private}$와 생성자 점 $G$로부터 공개키 $k_{public}=k_{private}\ G$를 계산합니다. 이는 곧 타원 곡선상의 덧셈 연산 $G+G+\cdots+G$를 $k_{private}$번 반복하는 것입니다.
- 그 결과로 도출된 공개키 $k_{public}$ 역시 타원 곡선상의 점입니다.

공개키는 타원 곡선상의 점이므로 $(x, y)$ 꼴로 나타나며, 운용하기 위해서는 일련의 문자열로 직렬화(serialization)해야 합니다.

본 구현에서는 SECG의 SEC1 표준 중 단축되지 않은(uncompresse) 점 표기법을 준수하겠습니다.[24] 이에 따르자면 타원 곡선상의 점은 다음과 같이 직렬화됩니다.[25]

$$\text{접두사}(prefix)\ 04 + x\ \text{좌표}\ + y\ \text{좌표}$$

가령 비밀키

$$692333d8\ 6c73fad3\ 9550f8e1\ 07c7c6ab\ 0fc94d46\ b4b6d809\ 62e6996e\ 622e8371$$

로부터 생성된 공개키

$$(60f4f74d\ 0ae6df64\ cf8aecac\ 61a6f99e\ fc3d5671\ 07a5a8cc\ c90685ac\ 0bff04e7,\\ a3e46039\ 04e4c94f\ 6267a211\ c309e41d\ 0349ee72\ 102dd63b\ b5d1b0d3\ 77e7cee2)$$

는 접두사 04를 더해 직렬화됩니다.

$$04\ 60f4f74d\ 0ae6df64\ cf8aecac\ 61a6f99e\ fc3d5671\ 07a5a8cc\ c90685ac\ 0bff04e7\\ a3e46039\ 04e4c94f\ 6267a211\ c309e41d\ 0349ee72\ 102dd63b\ b5d1b0d3\ 77e7cee2$$

elliptic 라이브러리를 사용하면 `getPublic()` 메서드를 호출하는 것으로 간단히 공개키를 생성할 수 있습니다.

예제 4.14 공개키 생성

```
function getPublicFromWallet() {
    const privateKey = getPrivateFromWallet();
    const key = ec.keyFromPrivate(privateKey, "hex");
    return key.getPublic().encode("hex");
}
```

최대한 단순한 구현을 목표로 삼고 있으므로 공개키를 그대로 주소로 사용하겠습니다. 내 비밀키로부터 생성된 주소를 확인하기 위해 새로운 RESTful API를 정의합니다. 다음은 HTTP 서버 측의 추가 구현입니다.

24 Standards for Efficient Cryptography Group

25 Certicom Research, "SEC 1: Elliptic curve cryptography", Standards for Efficient Cryptography, May 2009

예제 4.15 수정된 HTTP 서버

```
function initHttpServer() {
    const app = express();
    app.use(bodyParser.json());

    /* 중략 */

    app.get("/address", function (req, res) {
        const address = getPublicFromWallet().toString();
        if (address != "") { res.send({ "address": address }); }
        else { res.send(); }
    });

    app.listen(http_port, function () { console.log("Listening http port on: " + http_port) });
}
```

이제 다음 요청을 통해 주소를 확인할 수 있습니다.

예제 4.16 주소 요청

```
$ curl http://127.0.0.1:3001/address
{"address":"0460f4f74d0ae6df64cf8aecac61a6f99efc3d567107a5a8ccc90685ac0bff04e7a3e4603904e4c94f62
67a211c309e41d0349ee72102dd63bb5d1b0d377e7cee2"}
```

### 주소

주소는 사용자를 식별하는 단위이므로 각 사용자는 서로 중복되지 않는 고유한 주소를 가져야 합니다. 무작위로 생성된 비밀키는 겹칠 확률이 매우 희박하다는 점을 떠올려 봅시다. 서로 다른 비밀키로부터 생성된 공개키 역시 겹치지 않습니다. 공개키는 누구나 알아도 무방하므로 이를 곧 주소로 활용할 수 있습니다. 그러나 타원 곡선 암호 시스템으로 생성된 공개키를 바로 주소로 활용하는 데는 몇 가지 문제가 있습니다.

우선 직렬화된 공개키의 길이가 매우 깁니다. 현재 구현에 따르자면 주소는 접두사를 포함해서 65바이트의 길이를 가집니다. 16진수 문자열로는 130자에 달합니다. 개인의 주소를 외우기도 어려울뿐더러 실수할 가능성이 큽니다.

또한 공개키의 공개는 지양해야 합니다. 비록 모순적으로 보이겠지만 비대칭키 암호화가 필요한 것이 아니라면 공개키 역시 숨기는 편이 안전합니다. 모든 암호 시스템은 언젠가는 붕괴될 것임을 상정해야 합니다. ECDSA나 secp256k1에서 취약점이 발견됐다고 가정해 봅시다. 누군가가 내 공개키를 만들어내는 비밀키를 알아낸 뒤, 네트워크상에서 '나'로 가장할 수 있습니다.

따라서 공개키를 한 번 더 가공해서 주소로 활용하는 편이 바람직합니다. 가령 직렬화된 공개키를 해시의 입력으로 써서 도출된 해시값을 주소로 활용할 수 있습니다. 이 경우 타원 곡선 암호 시스템의 취약점과 더불어 사용한 해시 함수의 취약점까지 발견돼야만 비밀키를 특정할 수 있습니다.

## 07 정리

이번 장에서는 블록체인에서 핵심이 되는 학문인 암호학을 학습했습니다. 블록체인은 기밀성, 무결성, 가용성에 대한 도전적인 시도입니다. 네트워크 참여자 모두가 데이터를 중복 저장하고 권한 없는 사용자의 임의 수정을 거부하기 때문에 무결성을 보장합니다. 또한 본질적으로 P2P 구조에 기반하므로 외부 공격으로부터 내구성을 지녀 가용성을 보장합니다.

또한 대칭키 암호와 공개키 암호 시스템의 일부를 살펴봤습니다. 비록 블록체인에서 공개키 암호의 활용 비중이 높지만, 둘은 상호 보완적인 관계에 있습니다. 이어 비특이 타원 곡선을 정의하고 타원 곡선 이산 로그 문제는 일방향성을 띠므로 공개키 암호 시스템을 구축할 수 있음을 보였습니다.

디지털 서명의 방법론으로 문서(메시지)의 작성자가 본인임을 증명할 수 있습니다. 타원 곡선 디지털 서명 알고리즘을 학습하고, 이와 secp256k1 타원 곡선에 기반한 이더리움 트랜잭션 서명을 코드 레벨에서 살펴봤습니다.

영지식 증명을 사용하면 어느 문장의 참 또는 거짓 여부를 제외한 다른 어떠한 정보도 노출되지 않습니다. 블록체인에서 영지식 증명은 개인 정보 보호와 확장성 문제의 해결책으로 응용됩니다.

실습에서는 주소 개념을 도입해 사용자를 식별하고 지갑을 구현했습니다. 지갑은 비밀키의 생성, 저장, 대응되는 공개키 생성의 역할을 수행합니다. 구현의 단순화를 위해 공개키를 곧 주소로 사용합니다.

이번 장에 등장한 코드를 정리하면 다음과 같습니다. 이 코드는 원체인 저장소의 `chapter-4` 브랜치에서도 확인할 수 있습니다.[26]

---

26 https://github.com/twodude/onechain/blob/chapter-4/src/main.js

예제 4.17 수정된 코드 정리

```
function initHttpServer() {
    const app = express();
    app.use(bodyParser.json());

    app.get("/blocks", function (req, res) {
        res.send(getBlockchain());
    });
    app.post("/mineBlock", function (req, res) {
        const data = req.body.data || [];
        const newBlock = mineBlock(data);
        if (newBlock === null) {
            res.status(400).send('Bad Request');
        }
        else {
            res.send(newBlock);
        }
    });
    app.get("/version", function (req, res) {
        res.send(getCurrentVersion());
    });
    app.post("/stop", function (req, res) {
        res.send({ "msg": "Stopping server" });
        process.exit();
    });
    app.get("/peers", function (req, res) {
        res.send(getSockets().map(function (s) {
            return s._socket.remoteAddress + ':' + s._socket.remotePort;
        }));
    });
    app.post("/addPeers", function (req, res) {
        const peers = req.body.peers || [];
        connectToPeers(peers);
        res.send();
    });
    app.get("/address", function (req, res) {
        const address = getPublicFromWallet().toString();
        if (address != "") { res.send({ "address": address }); }
```

```
        else { res.send(); }
    });

    app.listen(http_port, function () { console.log("Listening http port on: " + http_port) });
}

// main
initHttpServer();
initP2PServer();
initWallet();
```

예제 4.18 4장 코드 정리

```
// Chapter-4
const ecdsa = require("elliptic");
const ec = new ecdsa.ec("secp256k1");

const privateKeyLocation = "wallet/" + (process.env.PRIVATE_KEY || "default");
const privateKeyFile = privateKeyLocation + "/private_key";

function generatePrivateKey() {
    const keyPair = ec.genKeyPair();
    const privateKey = keyPair.getPrivate();
    return privateKey.toString(16);
}

function initWallet() {
    if (fs.existsSync(privateKeyFile)) {
        console.log("Load wallet with private key from: %s", privateKeyFile);
        return;
    }

    if (!fs.existsSync("wallet/")) { fs.mkdirSync("wallet/"); }
    if (!fs.existsSync(privateKeyLocation)) { fs.mkdirSync(privateKeyLocation); }

    const newPrivateKey = generatePrivateKey();
    fs.writeFileSync(privateKeyFile, newPrivateKey);
```

```
    console.log("Create new wallet with private key to: %s", privateKeyFile);
}

function getPrivateFromWallet() {
    const buffer = fs.readFileSync(privateKeyFile, "utf8");
    return buffer.toString();
}

function getPublicFromWallet() {
    const privateKey = getPrivateFromWallet();
    const key = ec.keyFromPrivate(privateKey, "hex");
    return key.getPublic().encode("hex");
}
```

CHAPTER

# 05

# 사용 사례

지금까지 블록체인을 "신뢰를 부여하는 분산 데이터 저장 기술"로 정의하고, 이에 입각한 구현체를 살펴봤습니다. 지금까지 구현한 블록체인 코어는 다음과 같은 기능을 포함합니다.

- 0개 또는 하나 이상의 데이터를 담은 새로운 블록 생성
- 블록 검증, 블록체인 검증
- 사용자와 노드 간의 통신, 노드와 노드 간의 통신
- 가장 긴 체인 선택 규칙
- 작업 증명 합의 알고리즘
- 네트워크 상황에 따른 난이도 조정
- 주소를 통한 사용자 식별

이로부터 분산 네트워크상에 합의된 데이터를 저장하고 읽을 수 있습니다.

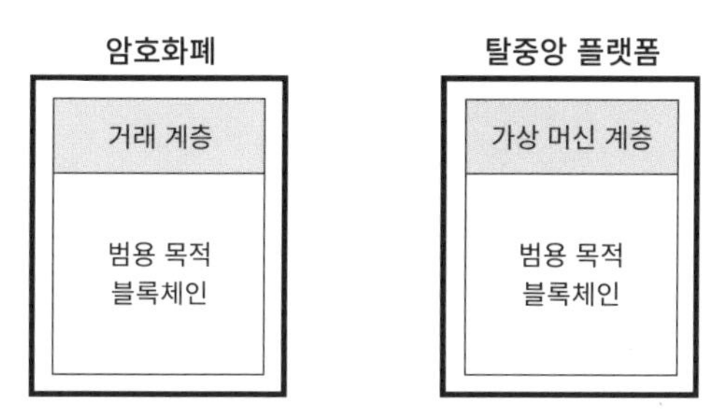


그림 5.1 블록체인 사용 사례

이러한 범용 목적의 블록체인에 계층을 더하면 서비스가 됩니다. 가령 거래(transaction) 계층을 더하면 암호화폐(cryptocurrency)로 기능하고, 가상 머신(virtual machine) 계층을 더하면 플랫폼으로 기능합니다.

## 01 거래 계층

거래(이하 트랜잭션) 개념을 도입하면 범용 목적 블록체인을 암호화폐로 활용할 수 있습니다. 핵심 아이디어는 간단합니다. 코인의 정당성과 소유권을 입증할 수 있다면 화폐로 사용할 수 있는 것입니다.

종래의 서비스에서는 중앙화된 주체가 정당성과 소유권을 부여했습니다. 그렇기에 주체에 종속적이고, 그 플랫폼을 벗어나면 아무런 가치를 지니지 못합니다. 포인트나 마일리지를 생각해 봅시다.

반면 블록체인에서의 신뢰는 시스템이 보장합니다. 탈중앙화돼 있기에 종속될 대상 자체가 없습니다. 데이터의 무결함이 보장되므로 이로부터 추출할 수 있는 정보인 정당성과 소유권 역시 입증할 수 있습니다. 이 때문에 범용 화폐로서 사용할 수 있습니다.

거래 계층을 구현하기 위해서는 새로운 개념을 여럿 도입해야 합니다. 여기에는 이전 장에서 설명했던 공개키 암호와 디지털 서명의 응용, 트랜잭션 입력과 출력 개념 등을 포함합니다.

### 트랜잭션

이제 데이터를 포괄하는 최소 단위는 블록이 아닌 트랜잭션입니다. 한 블록은 0개 또는 여러 개의 상호 모순 없는 트랜잭션을 포함합니다. 모순되는 트랜잭션을 포함한 블록을 의도적으로 생성할 수는 있지만 다른 노드로부터 거부될 것입니다.

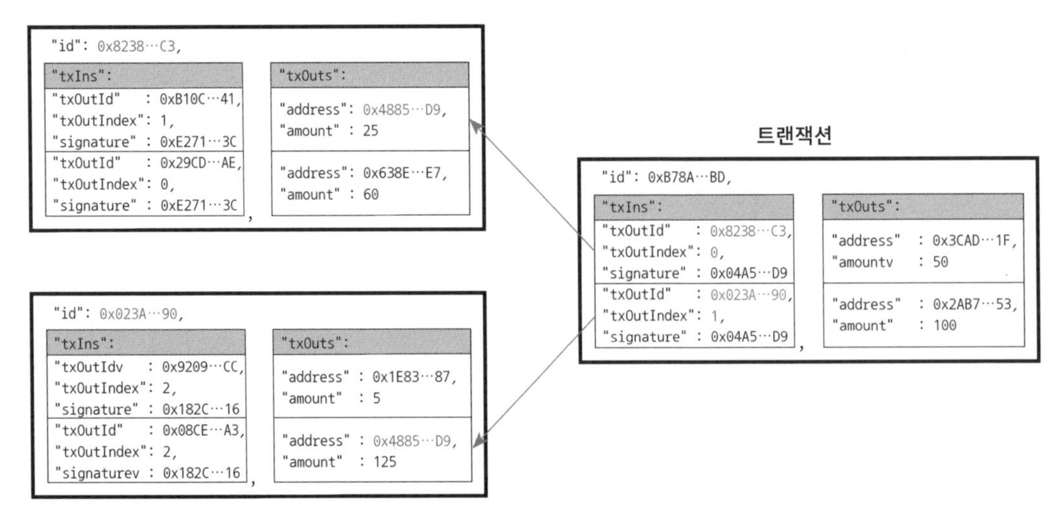

그림 5.2 트랜잭션 구조

트랜잭션 식별자(ID)는 트랜잭션의 내용으로부터 구한 해시값입니다. 트랜잭션의 내용이 변경되면 해시값이 달라지므로 이를 유일한 식별자로 취급할 수 있습니다.

트랜잭션 출력(output)은 주소(address)와 보내는 코인의 수량(amount)으로 구성됩니다.

트랜잭션 입력(input)은 코인의 출처를 명시해서 송신자의 소유권을 입증합니다. 모든 트랜잭션 입력은 존재하지만 소비되지 않은 출력(UTXO, Unspent Transaction Output)을 참조해야 합니다. 또한 트랜잭션 입력에는 비밀키로부터 생성된 서명이 포함됩니다. 신뢰할 수 없는 네트워크상에서 출처를 입증하고 위변조를 방지하기 위해 서명이 사용됩니다.

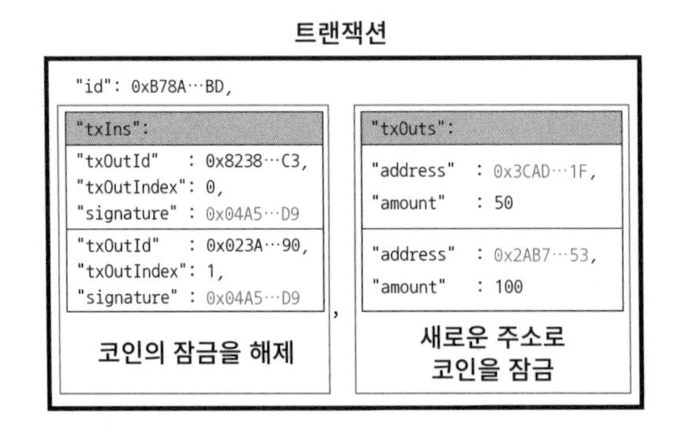

그림 5.3 트랜잭션 도식

결국 트랜잭션 입력은 코인의 잠금을 해제(unlock)하는 과정으로, 트랜잭션 출력은 새로운 주소에 대해 재잠금(relock)하는 과정으로 취급할 수 있습니다. 코인은 잠금이 해제된 이후 비로소 트랜잭션 출력으로 활용할 수 있습니다. 어느 주소에서 다른 주소로 소유권이 넘어가는 관점으로 바라보면 이해하기 쉽습니다.

트랜잭션은 다음과 같은 검증을 거쳐 유효함을 보일 수 있습니다.

우선 유효한 식별자를 가졌는지를 검증해야 합니다. 이는 트랜잭션의 내용으로부터 해시값을 구해 일치하는지를 확인하는 것으로 검증합니다.

트랜잭션 입력이 참조한 출력은 이전에 소비되지 않았어야 합니다. 즉, UTXO여야 합니다. 또한 서명이 유효해야 합니다. 참조한 트랜잭션 출력에 명시된 주소(공개키)로 트랜잭션 입력의 서명을 복호화해서 식별자와 일치하는지 확인합니다.

트랜잭션 출력에 명시된 수량의 합은 입력이 참조한 트랜잭션 출력에 명시된 수량의 합과 같아야 합니다. 가령 총 100코인을 참조했으면 출력 역시 100코인이 돼야 합니다. 가령 앨리스가 밥에게 90코인을 전송하는 상황을 생각해봅시다. 이때 참조한 UTXO는 20, 30, 50의 수량을 가졌습니다. 20+30+50=100이므로 90코인을 보내기에 충분합니다. 그러나 총 100코인을 참조했으면 출력 역시 100코인이 돼야 한다는 점을 떠올려 봅시다. 나머지 10코인은 앨리스 자기 자신에게 다시 전송해야 합니다.[1] 자기 자신에게 10코인을 다시 전송한 이 트랜잭션은 아직 소비되지 않았으므로 다른 거래의 UTXO로 활용될 것입니다.

### 코인베이스 트랜잭션

트랜잭션 입력이 항상 UTXO를 참조해야 한다는 점을 떠올려봅시다. 참조를 계속 추적하다 보면 최초의 트랜잭션에 도달하는데, 이를 코인베이스(coinbase) 트랜잭션이라 합니다. 코인베이스 트랜잭션은 오직 출력만 있고 입력이 없는 특별한 타입의 트랜잭션입니다. 코인베이스 트랜잭션은 채굴 보상으로 받는 것이 일반적입니다.

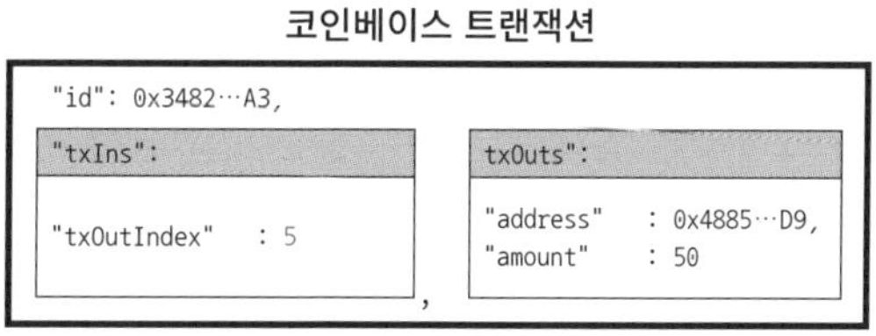

코인베이스 트랜잭션

"id": 0x3482…A3,

"txIns": "txOutIndex" : 5

txOuts": "address" : 0x4885…D9, "amount" : 50

그림 5.4 코인베이스 트랜잭션

1 거래 수수료 등을 추가로 고려할 수 있습니다.

우리가 정의한 구조에 따르면 트랜잭션 출력은 수신자 주소와 보내는 코인의 수량으로 구성됩니다. 따라서 채굴자가 같은 경우 코인베이스 트랜잭션의 식별자가 동일해지는 문제가 발생합니다. 이를 방지하기 위해 트랜잭션 입력의 인덱스 항목(txOutIndex)에 블록 높이 정보를 추가합니다. 선형적인 블록체인에서 영구히 높이가 같은 블록은 없으므로 코인베이스 트랜잭션의 식별자 역시 유일하게 결정됩니다.

코인베이스 트랜잭션은 일반적인 트랜잭션과는 다소 다른 방법으로 검증해야 합니다. 식별자가 유효해야 한다는 것은 동일하지만 계산에 블록 높이 정보가 포함됩니다. 또한 UTXO를 참조할 필요가 없습니다. 따라서 서명도 없습니다. 트랜잭션은 채굴자를 향한 하나의 출력만 가져야 하며, 수량은 코인베이스 보상과 일치해야 합니다.

# 02 가상 머신 계층

데이터의 쓰기 및 읽기가 가능하므로 블록체인을 일종의 저장소로 취급할 수 있습니다. 따라서 상태(state)를 저장하는 데도 활용할 수 있습니다. 블록체인의 특성상 저장된 상태 자체는 무결합니다. 그러나 상태의 업데이트가 블록체인 밖에서 일어난다면 그에 대한 무결함은 시스템이 보장할 수 없습니다.

상태의 업데이트까지 블록체인상에서 수행한다면 무결함이 보장될 것입니다. 즉, 입력값과 함수가 투명하다면 그 결괏값 역시 투명합니다. 범용 목적 블록체인에 가상 머신(VM, Virtual Machine) 계층을 더함으로써 이를 구현할 수 있습니다.

이번 장에서는 스마트 계약과 이더리움 가상 머신(EVM, Ethereum Virtual Machine)을 통해 가상 머신 계층의 추상적인 개념을 살펴봅니다. 나아가 트루빗(Truebit)과 네뷸라스(Nebulas) 오픈소스 프로젝트를 예로 들어 블록체인에서 가상 머신이 다양하게 활용된다는 것을 보여드리겠습니다.

## 스마트 계약

스마트 계약(smart contract)은 컴퓨터 과학자 닉 사보(Nick Szabo)가 1994년에 처음 제시한 개념으로, 조건을 충족하면 일련의 계약을 수행하는 자동화된(컴퓨터화된) 거래 프로토콜로 정의됐습니다.[2]

블록체인 시대가 도래하면서 그 의미도 좀 더 확장됐는데, 스마트 계약이라 할 경우 전통적인 계약뿐 아니라 블록체인상의 모든 종류의 프로그래밍된 연산을 포괄합니다. 달리 말하자면 스마트 계약은 블록체인상에 저장된 상태를 업데이트합니다.

2 N Szabo, "Smart Contracts", Unpublished manuscript, 1994

지금까지의 블록체인이 "신뢰를 부여하는 분산 데이터 저장 기술"이라면 스마트 계약을 포함한 블록체인은 "신뢰를 부여하는 분산 플랫폼"으로 기능합니다. 플랫폼이란 소프트웨어가 구동 가능한 환경을 의미한다는 데 주목합니다. 스마트 계약을 포함하면서 범주가 확장됐기에 '블록체인 2.0'으로 불립니다.

스마트 계약을 바탕으로 구현된 응용프로그램을 분산앱(DApp, Decentralized App)이라 합니다. 이 관점에서의 분산앱은 프런트엔드(front-end)가 있는 스마트 계약으로 간주할 수 있습니다.

## 이더리움 가상 머신

가상 머신은 컴퓨터 시스템의 흉내, 즉 에뮬레이션(emulation)입니다. 컴퓨팅 환경을 소프트웨어로 구현해 실제 컴퓨터의 기능을 제공합니다. 가상 머신은 범주에 따라 크게 두 부류로 분류됩니다.

시스템 가상 머신(system virtual machine)은 실제 하드웨어의 대체재로서 온전한 운영체제의 실행을 지원합니다. 반면 프로세스 가상 머신(process virtual machine)은 플랫폼 독립적인 컴퓨터 프로그램의 실행을 위해 설계됐습니다. 프로세스 가상 머신의 대표적인 예로 자바 가상 머신(JVM, Java Vritual Machine)이 있습니다.

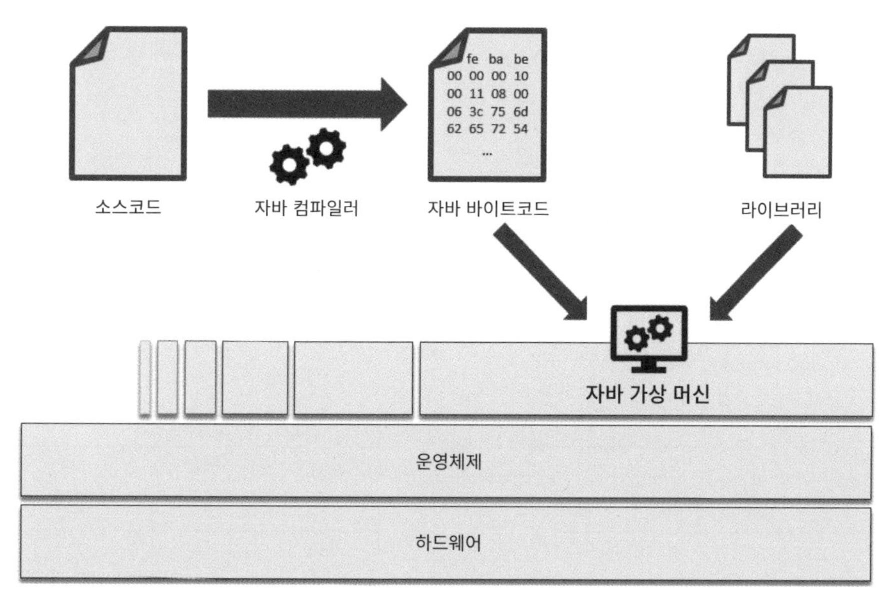


그림 5.5 자바 가상 머신

소스코드는 자바 컴파일러를 통해 자바 바이트코드로 컴파일(compile)됩니다. 모든 JVM은 규격에 정의된 대로 자바 바이트코드를 실행합니다. 그러므로 모든 자바 프로그램은 하드웨어나 운영체제와 같은 플랫폼과는 상관 없이 동일한 동작을 보장합니다.

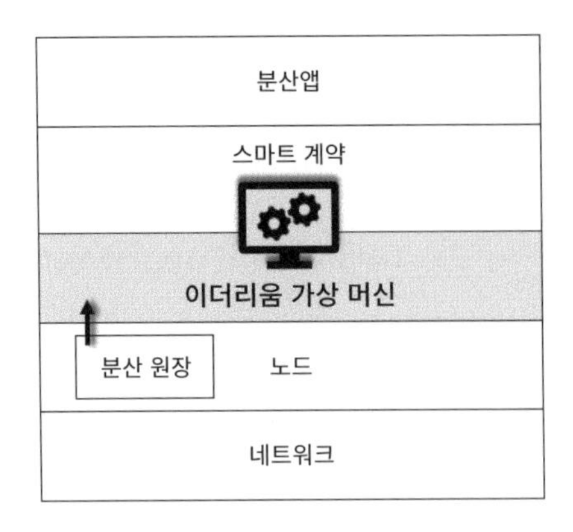

그림 5.6 이더리움 가상 머신

블록체인 2.0을 선도하는 이더리움 프로토콜의 핵심은 이더리움 가상 머신(EVM, Ethereum Virtual Machine)입니다. 가상 머신을 활용하면 플랫폼 독립적인 환경을 구축할 수 있으므로 스마트 계약을 수행한 기기의 종류와는 무관하게 동일한 결과를 보장할 수 있습니다.

EVM은 JVM 등 여타 프로세스 가상 머신과 본질적으로 다를 바 없습니다. 고급 프로그래밍 언어인 자바(Java), 스칼라(Scala) 등은 바이트코드로 컴파일되어 가상 머신에서 구동됩니다. 마찬가지로 솔리디티(Solidity), 서펀트(Serpent), 바이퍼(Viper) 등의 고급 스마트 계약 프로그래밍 언어 역시 바이트코드로 컴파일되어 EVM에서 구동됩니다.

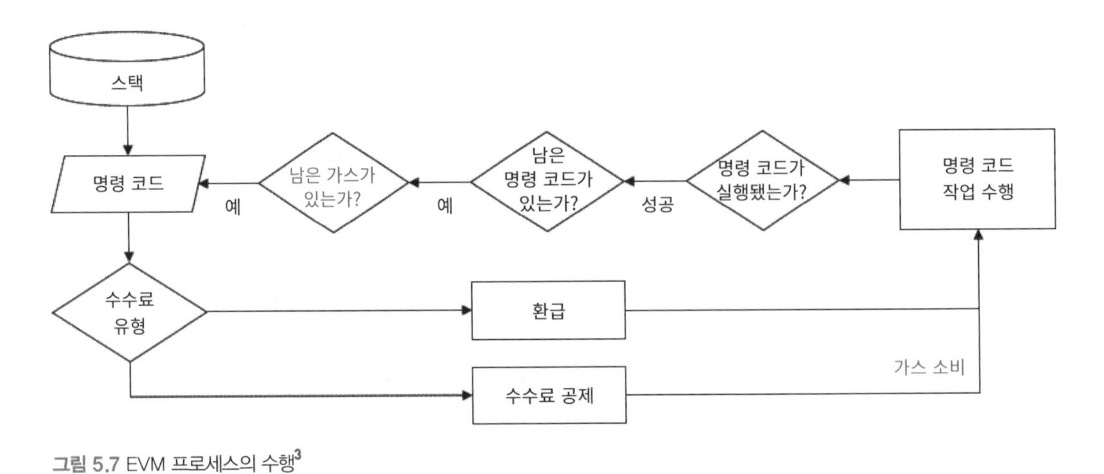

그림 5.7 EVM 프로세스의 수행[3]

3 https://github.com/ethereumbook/ethereumbook/issues/496#issuecomment-383389580

또한 가상 머신을 활용하면 명령어의 명령 주기(instruction cycle, machine cycle) 전 영역에 대한 접근 및 임의 수정이 가능합니다. 이더리움 프로토콜에서는 각 명령 코드(opcode)마다 가스(gas)라는 수수료를 부과하므로, 실행에 앞서 남은 가스를 확인하는 절차와 명령에 따른 가스 지불 및 환급 절차가 추가됐습니다. 만일 남은 가스가 없는 경우에는 프로그램의 수행이 중단되고 상태는 프로그램 수행 이전으로 돌아갑니다.

프로그램을 수행하는 데는 자원이 필요하므로 어느 사용자가 실수로 또는 악의적으로 영구히 구동하는 프로그램(예: 무한 루프)을 실행하면 플랫폼의 붕괴를 야기할 수 있습니다. EVM은 가스 제도를 통해 프로그램의 중지를 보장함으로써 플랫폼에 대한 서비스 거부 공격(DoS, Denial of Service)을 방지합니다.

스마트 계약을 수행하는 순서는 이더리움 클라이언트가 결정하므로 EVM에는 어떠한 스케줄링 요소도 없습니다. 그런 의미에서 EVM은 완전히 가상화된 싱글 스레드(single-thread) 컴퓨터입니다. 또한 블록체인에서는 참여하는 피어가 많아지더라도 네트워크 성능은 증가하지 않는다는 점을 떠올려봅시다. 채굴자가 수행한 스마트 계약의 결과를 검증하기 위해 동일한 연산을 반복해야 합니다. 따라서 EVM은 느리고 연산의 낭비가 심한 범세계적인 컴퓨터입니다. 이에 EVM을 개선하거나 새로운 블록체인 프로토콜을 제시하는 등 이러한 문제를 해결하기 위한 여러 시도가 이어지고 있습니다.[4]

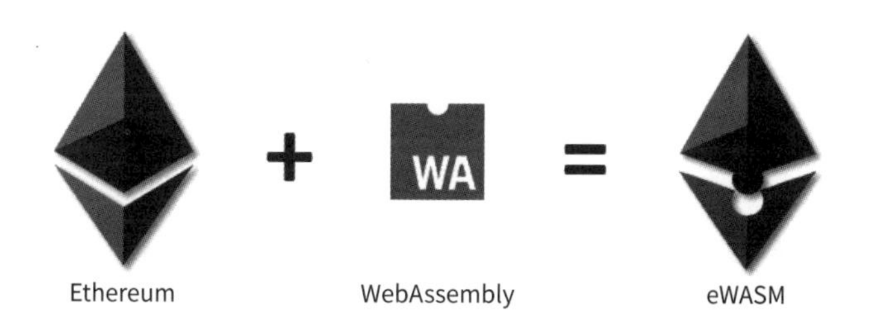

그림 5.8 eWASM

EVM을 블록체인이라는 영구적인 데이터 저장소를 가진 범세계적인 탈중앙화 컴퓨터로 추상화한다면 그 역할과 범주가 벗어나지 않는 선에서 다른 컴퓨터로 대체할 수 있습니다. 대표적인 예가 eWASM입니다.[5] eWASM은 이더리움에서 스마트 계약을 사용하기 위한 웹어셈블리(WASM, WebAssembly)의 부분집합입니다.

4 Thomas Dickerson, Paul Gazzillo, Maurice Herlihy, and Eric Koskinen, "Adding Concurrency to Smart Contracts", PODC '17 Proceedings of the ACM Symposium on Principles of Distributed Computing, Jul 2017

5 https://github.com/ewasm

웹어셈블리는 C/C++, 러스트(Rust) 등 고수준 프로그래밍 언어를 효과적으로 컴파일하도록 고안된 스택 기반(stack-based) 가상 머신용 포맷입니다. WASM은 이식성이 높고, 일반적인 하드웨어들이 제공하는 기능을 활용해 여러 종류의 플랫폼 위에서 거의 네이티브(native)에 가까운 속도로 실행됩니다. 이러한 WASM의 특성을 이어받은 eWASM 역시 높은 이식성과 빠른 속도가 강점입니다.

## 트루빗

트루빗(Truebit)은 신뢰할 수 없는 환경에서 확장 가능한 연산을 위해 활용되는 암호경제학적 프로토콜이자 블록체인 인프라입니다. EVM과 같은 블록체인상 가상 머신은 수행할 수 있는 연산에 분명한 한계가 존재합니다. 가령 딥러닝(DL, Deep Learning)과 같은 복잡한 연산은 낮은 사양, 구조적 한계, 막대한 연산 수수료 때문에 EVM에서 구동하기가 사실상 불가능합니다.

복잡한 연산은 블록체인의 밖(오프체인, OFF-chain)에서 수행하고 결과만 블록체인에(온체인, ON-chain) 등록해 활용하자는 것이 트루빗입니다. 물론 그 결과의 무결함을 보장하기 위해 여러 수학적, 암호학적, 경제학적인 기법이 활용됩니다.

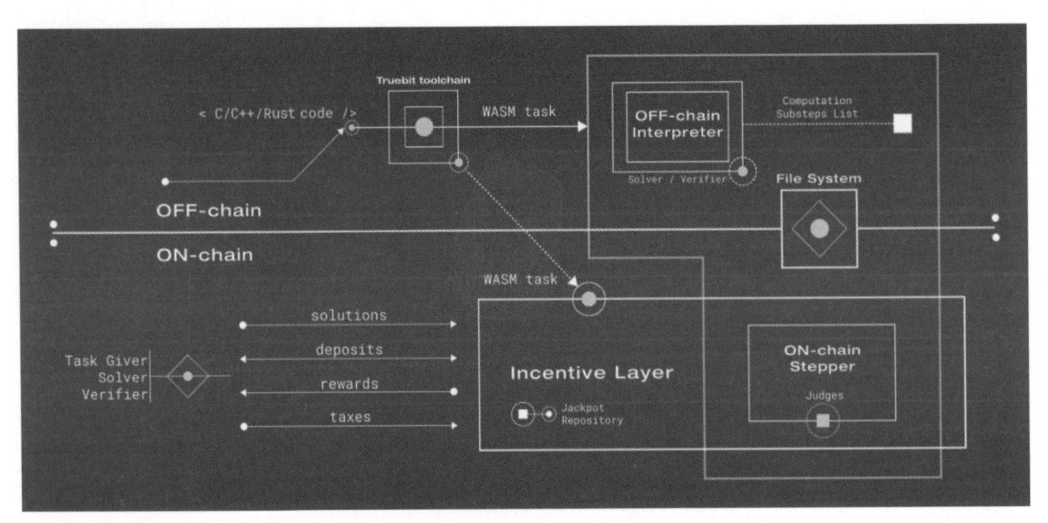


그림 5.9 트루빗 개요[6]

트루빗의 대략적인 흐름은 다음과 같습니다. 업무 부여자(Task Giver)가 스마트 계약을 통해 보상과 함께 연산을 위탁합니다. 흥미를 보인 참여자 중 추첨을 통해 해결자(solver)가 선정되고, 해결자는 오

6 https://truebit.io

프체인에서 연산을 수행한 뒤 결과를 블록체인에 등록합니다. 이 결과에 대해 정해진 시간 동안 이의가 없다면 해결자가 보상을 받습니다. 만일 어느 검증자(verifier)가 결과에 이의를 제기하면 도전자(challenger)의 자격으로 해결자와의 검증 게임(verification game)을 시작합니다.

검증 게임은 코드에서 해결자와 검증자 간 불일치가 발생한 부분을 찾아 해당하는 명령어만을 온체인으로 수행하는 과정입니다. 온체인상의 스마트 계약이 내놓은 결과와 일치하는 값을 제출한 자가 검증 게임에서 승리합니다. 승자는 보상을 받고 패자는 보증금을 몰수당합니다. 이 밖에도 잭팟(jackpot)과 같이 참여를 유도하고 악의적 행동을 방지하기 위한 여러 기법이 존재합니다.[7]

그림 5.10 트루빗 구조

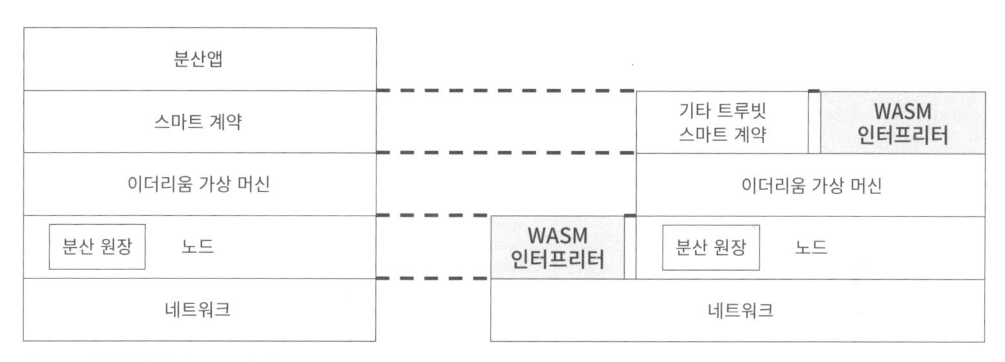


그림 5.11 이더리움(좌)과 트루빗(우) 구조의 비교

트루빗에는 총 두 종류의 가상 머신이 사용됩니다. 하나는 해결자와 검증자가 자체적으로 연산을 수행하고 결과를 도출하기 위한 WASM 기반 오프체인 인터프리터(interpreter)입니다. 하드웨어나 운영체제가 달라도 동일한 결과를 도출하기 위해 가상 머신을 활용합니다.

7 Jason Teutsch, Christian Reitwieβner, "A scalable verification solution for blockchains", Nov 2017

또 다른 하나는 블록체인상에 스마트 계약으로 존재하는 온체인 스텝퍼(stepper)입니다. 온체인 스텝퍼는 EVM상에서 구동되는 WASM 인터프리터 스마트 계약입니다. 온체인 스텝퍼는 전체 코드가 아니라 해결자와 검증자 간 불일치가 발생한 명령어 하나만 수행합니다. 내놓은 결과를 기준으로 검증 게임의 승자를 가립니다.

## 네뷸라스

네뷸라스(Nebulas)는 가치 기반 블록체인 운영체제 및 검색엔진입니다. 블록체인 내 데이터의 가치를 올바르게 산정하고, 개발자들을 지원함으로써 블록체인 생태계를 건강하게 구축하는 것이 목표입니다. 네뷸라스에서는 데이터의 가치 산정에 네뷸라스 랭크(NR, Nebulas Rank), 개발자 장려에 개발자 장려 프로토콜(DIP, Developer Incentive Protocol)이라는 자체적인 메커니즘을 사용합니다.

NR과 DIP이라는 두 메커니즘은 모두 프로토콜에 포함돼 있으며 공개적이고 결정론적으로 동작합니다. 또한, 커뮤니티 기반 개발(CCD, Community Driven Development)로 이들 메커니즘을 다듬어 갑니다. 만일 NR이나 DIP가 수정될 경우 프로토콜 업데이트가 필요합니다.

블록체인과 같은 분산 환경에서는 사용자의 클라이언트 프로그램 및 프로토콜 업데이트를 강제할 수 없습니다. 따라서 프로토콜을 크게 업데이트하고자 한다면 네트워크 참여자의 자발적인 참여가 요구됩니다. 한 네트워크에서 프로토콜의 여러 버전이 혼재하면 필연적으로 하드 포크(hard fork) 혹은 소프트 포크(soft fork)에 처하게 됩니다. 하드 포크는 블록체인 프로토콜이 크게 업데이트되어 이전 버전과 호환되지 않는 상황을, 소프트 포크는 비록 기능에 제한은 있지만 어느 정도의 호환은 가능한 상황을 의미합니다.

포크가 발생하면 온전한 기능을 구사하는 참여자가 줄어 전체 네트워크의 보안 정도가 낮아질 수 있습니다. 심지어 합의를 이루지 못할 경우 이더리움과 이더리움 클래식(Ethereum Classic)의 사례에서처럼 네트워크가 두 개로 나뉘기도 합니다. 해시 파워의 분열은 보안 이슈를 야기할 수 있습니다.

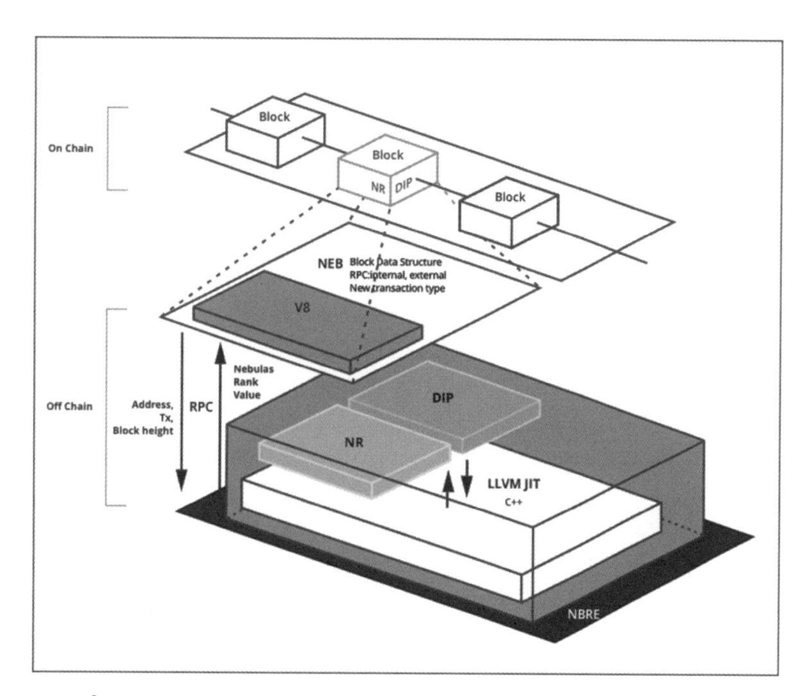


그림 5.12 네뷸라스 개요[8]

네뷸라스는 네뷸라스 포스(NF, Nebulas Force)를 통해 하드 포크 및 소프트 포크의 과정 없이 블록체인 프로토콜을 업데이트합니다. 달리 말하자면 블록체인 스스로가 트랜잭션에 포함된 최신 프로토콜 코드를 바탕으로 자신을 업데이트합니다. 이는 네뷸라스 프로토콜 자체가 가상 머신에서 실행되기 때문에 가능합니다.

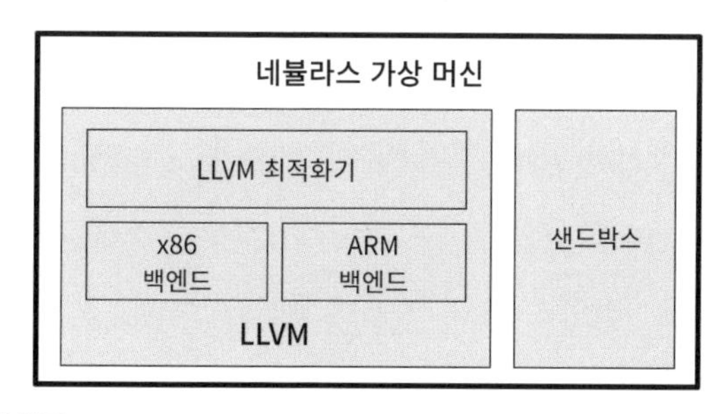


그림 5.13 네뷸라스 가상 머신의 구조

8 https://nebulas.io/index.html

네뷸라스 가상 머신(NVM, Nebulas Virtual Machine)은 모듈식의 재사용 가능한 컴파일러 및 툴체인 기술 모음인 LLVM에 기초합니다.[9] NVM은 C/C++, 고(Go), 솔리디티 등 고수준 프로그래밍 언어로부터 LLVM 바이트코드를 생성합니다. 이 LLVM 바이트코드는 LLVM JIT(Just-In-Time) 엔진을 통해 NVM의 샌드박스 환경에서 실행됩니다.

새로운 프로토콜 코드가 공개되면 NVM은 LLVM 컴파일러 모듈로 새 코드를 컴파일해서 LLVM 바이트코드를 생성하고 체인에 배포합니다. 배포된 코드는 체인에서 확인되면 LLVM JIT으로부터 컴파일 및 최적화되고, 기존 코드를 대체해서 샌드박스에서 실행됩니다. 이로써 프로토콜의 자동 업데이트가 가능합니다.

## 03 정리

이번 장에서는 블록체인의 사용 사례를 살펴봤습니다. 블록체인은 신뢰를 부여하는 분산 데이터 저장 기술로서 분산 네트워크상에 합의된 데이터를 저장하고 읽을 수 있습니다. 블록체인에 거래 계층을 더하면 암호화폐로 기능하고, 가상 머신 계층을 더하면 플랫폼으로 기능합니다.

이어 거래 계층을 구현하기 위한 가장 단순한 방법인 소비되지 않은 출력(UTXO) 구조를 살펴봤습니다. UTXO 구조에서는 트랜잭션 출력에 명시된 수량의 합이 입력이 참조한 트랜잭션 출력에 명시된 수량의 합과 같아야 합니다.

가상 머신 계층은 프로세스 가상 머신을 블록체인 프로토콜에 포함하고 있습니다. 가상 머신은 플랫폼 독립적인 환경을 제공하므로 스마트 계약을 수행한 기기의 종류와는 무관하게 동일한 결과를 보장합니다. 또한 명령 주기에 대한 임의 수정이 가능해 수수료를 부과할 수 있습니다. 연산의 확장성 문제를 해결하고자 한 트루빗, 잦은 프로토콜 업데이트가 필요한 네뷸라스는 가상 머신을 다양하게 활용한 예입니다.

9 LLVM은 가상 머신의 구현에 도움을 줄 수는 있으나 그 자체로는 관련이 거의 없습니다. 혼란을 피하기 위해 LLVM은 약자가 아닌 고유한 이름으로서 사용하고 있습니다.

# 부록

지난 4장까지는 main.js 파일에 모든 기능을 구현했지만, 실제 원체인 2.1.0 버전에서는 기능별로 모듈화돼 있습니다. 또한 특정 블록의 버전을 확인할 수 있는 등 약간의 추가 기능을 포함합니다.

부록에서는 원체인 코어를 구성하는 main.js, blockchain.js, utils.js, network.js, wallet.js 코드를 간단하게 소개합니다. 이 코드는 원체인 저장소의 master 브랜치에서도 확인할 수 있습니다.[1]

## main.js

main.js에서는 HTTP 서버 초기화, P2P 서버 초기화, 지갑 초기화를 수행합니다. HTTP 요청에 따른 작업 및 응답을 확인할 수 있습니다. 만일 원체인에 새로운 API를 추가하고자 한다면 initHttpServer() 함수를 수정하면 됩니다.

또한 PEERS 환경변수를 설정하는 것으로 구동과 동시에 다른 피어에 연결할 수 있습니다.

```
"use strict";
const express = require("express");
const bodyParser = require("body-parser");

const nw = require("./network");
const wl = require("./wallet");
```

1 https://github.com/twodude/onechain

```
const ut = require("./utils");

const http_port = process.env.HTTP_PORT || 3001;
const initialPeers = process.env.PEERS ? process.env.PEERS.split(',') : [];

function initHttpServer() {
    const bc = require("./blockchain");

    const app = express();
    app.use(bodyParser.json());

    app.get("/blocks", function (req, res) {
        res.send(bc.getBlockchain());
    });
    app.post("/mineBlock", function (req, res) {
        const data = req.body.data || [];
        const newBlock = bc.mineBlock(data);
        if (newBlock == null) {
            res.status(400).send('Bad Request');
        }
        else {
            res.send(newBlock);
        }
    });
    app.get("/version", function (req, res) {
        res.send(ut.getCurrentVersion());
    });
    app.post("/blockVersion", function (req, res) {
        const index = req.body.index;
        res.send(bc.getBlockVersion(index));
    });
    app.get("/peers", function (req, res) {
        res.send(nw.getSockets().map(function (s) {
            return s._socket.remoteAddress + ':' + s._socket.remotePort;
        }));
    });
    app.post("/addPeers", function (req, res) {
        const peers = req.body.peers || [];
        nw.connectToPeers(peers);
```

```
        res.send();
    });
    app.get("/address", function (req, res) {
        const address = wl.getPublicFromWallet().toString();
        res.send({ "address": address });
    });
    app.post("/stop", function (req, res) {
        res.send({ "msg": "Stopping server" });
        process.exit();
    });

    app.listen(http_port, function () { console.log("Listening http port on: " + http_port) });
}

// main
nw.connectToPeers(initialPeers);
initHttpServer();
nw.initP2PServer();
wl.initWallet();
```

## blockchain.js

blockchain.js는 블록의 생성과 검증, 합의 알고리즘 등을 포괄하는 블록체인 핵심 기능의 구현체입니다. 원체인 프로토콜을 변경하려면 우선 본 blockchain.js 파일을 수정해야 합니다.

원장이 인메모리 자바스크립트 배열에 저장되므로 프로그램을 종료하면 모든 정보가 사라집니다. 정보를 보존하고자 한다면 데이터베이스를 추가로 구현해야 합니다. 또한 본 구현에서는 논스 값을 찾는 작업 증명을 한번 시작하면 중단할 수 없습니다. 블록 생성 간격이 길어지면 문제가 될 수 있으므로 중단 메커니즘을 추가로 구현해야 합니다.

```
"use strict";
const CryptoJS = require("crypto-js");
const merkle = require("merkle");
const random = require("random");

const ut = require("./utils");
```

```
class BlockHeader {
    constructor(version, index, previousHash, timestamp, merkleRoot, difficulty, nonce) {
        this.version = version;
        this.index = index;
        this.previousHash = previousHash;
        this.timestamp = timestamp;
        this.merkleRoot = merkleRoot;
        this.difficulty = difficulty;
        this.nonce = nonce;
    }
}

class Block {
    constructor(header, data) {
        this.header = header;
        this.data = data;
    }
}

/**
 * TODO: Use database to store the data permanently.
 * A current implemetation stores blockchain in local volatile memory.
 */
var blockchain = [getGenesisBlock()];

function getBlockchain() { return blockchain; }
function getLatestBlock() { return blockchain[blockchain.length - 1]; }

function getGenesisBlock() {
    const version = "1.0.0";
    const index = 0;
    const previousHash = '0'.repeat(64);
    const timestamp = 1231006505; // 01/03/2009 @ 6:15pm (UTC)
    const difficulty = 0;
    const nonce = 0;
    const data = ["The Times 03/Jan/2009 Chancellor on brink of second bailout for banks"];

    const merkleTree = merkle("sha256").sync(data);
    const merkleRoot = merkleTree.root() || '0'.repeat(64);
```

```
    const header = new BlockHeader(version, index, previousHash, timestamp, merkleRoot, difficul-
ty, nonce);
    return new Block(header, data);
}

function generateNextBlock(blockData) {
    const previousBlock = getLatestBlock();
    const currentVersion = ut.getCurrentVersion();
    const nextIndex = previousBlock.header.index + 1;
    const previousHash = calculateHashForBlock(previousBlock);
    const nextTimestamp = ut.getCurrentTimestamp();
    const difficulty = getDifficulty(getBlockchain());

    const merkleTree = merkle("sha256").sync(blockData);
    const merkleRoot = merkleTree.root() || '0'.repeat(64);

    const newBlockHeader = findBlock(currentVersion, nextIndex, previousHash, nextTimestamp,
merkleRoot, difficulty);
    return new Block(newBlockHeader, blockData);
}

function addBlock(newBlock) {
    if (isValidNewBlock(newBlock, getLatestBlock())) {
        blockchain.push(newBlock);
        return true;
    }
    return false;
}

function mineBlock(blockData) {
    const newBlock = generateNextBlock(blockData);

    if (addBlock(newBlock)) {
        const nw = require("./network");

        nw.broadcast(nw.responseLatestMsg());
        return newBlock;
    }
    else {
```

```
        return null;
    }
}

/**
 * TODO: Implement a stop mechanism.
 * A current implementation doesn't stop until finding matching block.
 */
function findBlock(currentVersion, nextIndex, previoushash, nextTimestamp, merkleRoot, difficul-
ty) {
    var nonce = 0;
    while (true) {
        var hash = calculateHash(currentVersion, nextIndex, previoushash, nextTimestamp, merkle-
Root, difficulty, nonce);
        if (hashMatchesDifficulty(hash, difficulty)) {
            return new BlockHeader(currentVersion, nextIndex, previoushash, nextTimestamp, merkle-
Root, difficulty, nonce);
        }
        nonce++;
    }
}

function hashMatchesDifficulty(hash, difficulty) {
    const hashBinary = ut.hexToBinary(hash);
    const requiredPrefix = '0'.repeat(difficulty);
    return hashBinary.startsWith(requiredPrefix);
}

function calculateHash(version, index, previousHash, timestamp, merkleRoot, difficulty, nonce) {
    return CryptoJS.SHA256(version + index + previousHash + timestamp + merkleRoot + difficulty +
nonce).toString().toUpperCase();
}

function calculateHashForBlock(block) {
    return calculateHash(
        block.header.version,
        block.header.index,
        block.header.previousHash,
        block.header.timestamp,
```

```
        block.header.merkleRoot,
        block.header.difficulty,
        block.header.nonce
    );
}

const BLOCK_GENERATION_INTERVAL = 10; // in seconds
const DIFFICULTY_ADJUSTMENT_INTERVAL = 10; // in blocks

function getDifficulty(aBlockchain) {
    const latestBlock = aBlockchain[aBlockchain.length - 1];
    if (latestBlock.header.index % DIFFICULTY_ADJUSTMENT_INTERVAL === 0 && latestBlock.header.index
!== 0) {
        return getAdjustedDifficulty(latestBlock, aBlockchain);
    }
    return latestBlock.header.difficulty;
}

function getAdjustedDifficulty(latestBlock, aBlockchain) {
    const prevAdjustmentBlock = aBlockchain[aBlockchain.length - DIFFICULTY_ADJUSTMENT_INTERVAL];
    const timeTaken = latestBlock.header.timestamp - prevAdjustmentBlock.header.timestamp;
    const timeExpected = BLOCK_GENERATION_INTERVAL * DIFFICULTY_ADJUSTMENT_INTERVAL;

    if (timeTaken < timeExpected / 2) {
        return prevAdjustmentBlock.header.difficulty + 1;
    }
    else if (timeTaken > timeExpected * 2) {
        return prevAdjustmentBlock.header.difficulty - 1;
    }
    else {
        return prevAdjustmentBlock.header.difficulty;
    }
}

function isValidBlockStructure(block) {
    return typeof(block.header.version) === 'string'
        && typeof(block.header.index) === 'number'
        && typeof(block.header.previousHash) === 'string'
        && typeof(block.header.timestamp) === 'number'
```

```
        && typeof(block.header.merkleRoot) === 'string'
        && typeof(block.header.difficulty) === 'number'
        && typeof(block.header.nonce) === 'number'
        && typeof(block.data) === 'object';
}

function isValidTimestamp(newBlock, previousBlock) {
    return (previousBlock.header.timestamp - 60 < newBlock.header.timestamp)
        && newBlock.header.timestamp - 60 < ut.getCurrentTimestamp();
}

function isValidNewBlock(newBlock, previousBlock) {
    if (!isValidBlockStructure(newBlock)) {
        console.log('invalid block structure: %s', JSON.stringify(newBlock));
        return false;
    }
    else if (previousBlock.header.index + 1 !== newBlock.header.index) {
        console.log("Invalid index");
        return false;
    }
    else if (calculateHashForBlock(previousBlock) !== newBlock.header.previousHash) {
        console.log("Invalid previousHash");
        return false;
    }
    else if (
        (newBlock.data.length !== 0 && (merkle("sha256").sync(newBlock.data).root() !== newBlock.
header.merkleRoot))
        || (newBlock.data.length === 0 && ('0'.repeat(64) !== newBlock.header.merkleRoot))
    ) {
        console.log("Invalid merkleRoot");
        return false;
    }
    else if (!isValidTimestamp(newBlock, previousBlock)) {
        console.log('invalid timestamp');
        return false;
    }
    else if (!hashMatchesDifficulty(calculateHashForBlock(newBlock), newBlock.header.difficulty))
{
        console.log("Invalid hash: " + calculateHashForBlock(newBlock));
```

```
        return false;
    }
    return true;
}

function isValidChain(blockchainToValidate) {
    if (JSON.stringify(blockchainToValidate[0]) !== JSON.stringify(getGenesisBlock())) {
        return false;
    }
    var tempBlocks = [blockchainToValidate[0]];
    for (var i = 1; i < blockchainToValidate.length; i++) {
        if (isValidNewBlock(blockchainToValidate[i], tempBlocks[i - 1])) {
            tempBlocks.push(blockchainToValidate[i]);
        }
        else { return false; }
    }
    return true;
}

function replaceChain(newBlocks) {
    if (
        isValidChain(newBlocks)
        && (newBlocks.length > blockchain.length || (newBlocks.length === blockchain.length) &&
random.boolean())
    ) {
        const nw = require("./network");

        console.log("Received blockchain is valid. Replacing current blockchain with received
blockchain");
        blockchain = newBlocks;
        nw.broadcast(nw.responseLatestMsg());
    }
    else { console.log("Received blockchain invalid"); }
}

function getBlockVersion(index) {
    return blockchain[index].header.version;
}
```

```
module.exports = {
    getBlockchain,
    getLatestBlock,
    addBlock,
    mineBlock,
    calculateHashForBlock,
    replaceChain,
    getBlockVersion
};
```

## utils.js

utils.js는 원체인 프로토콜에 필수적이지만 단순 도구적인 측면이 강한 기능의 구현체입니다. 현 시점의 타임스탬프를 구하거나, 원체인 버전을 구하거나, 16진수를 2진수로 변경하는 기능을 제공합니다.

```
'use strict';

function getCurrentTimestamp() {
    return Math.round(new Date().getTime() / 1000);
}

function getCurrentVersion() {
    const fs = require("fs");

    const packageJson = fs.readFileSync("./package.json");
    const currentVersion = JSON.parse(packageJson).version;
    return currentVersion;
}

function hexToBinary(s) {
    const lookupTable = {
        '0': '0000', '1': '0001', '2': '0010', '3': '0011',
        '4': '0100', '5': '0101', '6': '0110', '7': '0111',
        '8': '1000', '9': '1001', 'A': '1010', 'B': '1011',
        'C': '1100', 'D': '1101', 'E': '1110', 'F': '1111'
    };

    var ret = "";
```

```
    for (var i = 0; i < s.length; i++) {
        if (lookupTable[s[i]]) { ret += lookupTable[s[i]]; }
        else { return null; }
    }
    return ret;
}

module.exports = {
    getCurrentTimestamp,
    getCurrentVersion,
    hexToBinary
};
```

## network.js

network.js는 메시지 핸들러, 에러 핸들러, 브로드캐스트 등 P2P 통신 관련 기능의 구현체입니다. 주로 노드와 노드 간의 통신에 집중했으며, 사용자와 노드 간의 통신은 HTTP 서버를 다루는 main.js에서 확인할 수 있습니다.

```
"use strict";
const WebSocket = require("ws");

const bc = require("./blockchain");

const p2p_port = process.env.P2P_PORT || 6001;

const MessageType = {
    QUERY_LATEST: 0,
    QUERY_ALL: 1,
    RESPONSE_BLOCKCHAIN: 2
};

var sockets = [];

function getSockets() { return sockets; }

function initP2PServer() {
```

```
    const server = new WebSocket.Server({ port: p2p_port });
    server.on("connection", function (ws) { initConnection(ws); });
    console.log("Listening websocket p2p port on: " + p2p_port);
}

function initConnection(ws) {
    sockets.push(ws);
    initMessageHandler(ws);
    initErrorHandler(ws);
    write(ws, queryChainLengthMsg());
}

function initMessageHandler(ws) {
    ws.on("message", function (data) {
        const message = JSON.parse(data);
        // console.log("Received message" + JSON.stringify(message));

        switch (message.type) {
            case MessageType.QUERY_LATEST:
                write(ws, responseLatestMsg());
                break;
            case MessageType.QUERY_ALL:
                write(ws, responseChainMsg());
                break;
            case MessageType.RESPONSE_BLOCKCHAIN:
                handleBlockchainResponse(message);
                break;
        }
    });
}

function initErrorHandler(ws) {
    ws.on("close", function () { closeConnection(ws); });
    ws.on("error", function () { closeConnection(ws); });
}

function closeConnection(ws) {
    console.log("Connection failed to peer: " + ws.url);
    sockets.splice(sockets.indexOf(ws), 1);
```

```
}

function connectToPeers(newPeers) {
    newPeers.forEach(
        function (peer) {
            const ws = new WebSocket(peer);
            ws.on("open", function () { initConnection(ws); });
            ws.on("error", function () { console.log("Connection failed"); });
        }
    );
}

function handleBlockchainResponse(message) {
    const receivedBlocks = JSON.parse(message.data);
    const latestBlockReceived = receivedBlocks[receivedBlocks.length - 1];
    const latestBlockHeld = bc.getLatestBlock();

    if (latestBlockReceived.header.index > latestBlockHeld.header.index) {
        console.log(
            "Blockchain possibly behind."
            + " We got: " + latestBlockHeld.header.index + ", "
            + " Peer got: " + latestBlockReceived.header.index
        );
        if (bc.calculateHashForBlock(latestBlockHeld) === latestBlockReceived.header.previousHash)
{
            // A received block refers the latest block of my ledger.
            console.log("We can append the received block to our chain");
            if (bc.addBlock(latestBlockReceived)) {
                broadcast(responseLatestMsg());
            }
        }
        else if (receivedBlocks.length === 1) {
            // Need to reorganize.
            console.log("We have to query the chain from our peer");
            broadcast(queryAllMsg());
        }
        else {
            // Replace chain.
            console.log("Received blockchain is longer than current blockchain");
```

```
            bc.replaceChain(receivedBlocks);
        }
    }
    else { console.log("Received blockchain is not longer than current blockchain. Do nothing"); }
}

function queryAllMsg() {
    return ({
        "type": MessageType.QUERY_ALL,
        "data": null
    });
}

function queryChainLengthMsg() {
    return ({
        "type": MessageType.QUERY_LATEST,
        "data": null
    });
}

function responseChainMsg() {
    return ({
        "type": MessageType.RESPONSE_BLOCKCHAIN,
        "data": JSON.stringify(bc.getBlockchain())
    });
}

function responseLatestMsg() {
    return ({
        "type": MessageType.RESPONSE_BLOCKCHAIN,
        "data": JSON.stringify([bc.getLatestBlock()])
    });
}

function write(ws, message) { ws.send(JSON.stringify(message)); }

function broadcast(message) {
    sockets.forEach(function (socket) {
        write(socket, message);
```

```
    });
}

module.exports = {
    connectToPeers,
    getSockets,
    broadcast,
    responseLatestMsg,
    initP2PServer
};
```

## wallet.js

wallet.js에서는 비밀키와 공개키를 관리합니다. 지갑에서부터 비밀키를 가져오고 공개키를 생성하는 등의 작업이 이뤄집니다. 새 비밀키를 생성하거나, 이미 존재하는 경우 파일에서부터 읽어옵니다.

현재 구현에서는 비밀키를 암호화되지 않은 파일로 저장하므로 보안성이 매우 낮습니다. 따라서 별도의 기기에 보관하거나 대칭키 암호화 등의 방법을 추가로 구현해야 합니다.

```
"use strict";
const fs = require("fs");
const ecdsa = require("elliptic");
const ec = new ecdsa.ec("secp256k1");

const privateKeyLocation = "wallet/" + (process.env.PRIVATE_KEY || "default");
const privateKeyFile = privateKeyLocation + "/private_key";

function generatePrivateKey() {
    const keyPair = ec.genKeyPair();
    const privateKey = keyPair.getPrivate();
    return privateKey.toString(16);
}

function initWallet() {
    if (fs.existsSync(privateKeyFile)) {
        console.log("Load wallet with private key from: %s", privateKeyFile);
        return;
    }
```

```
    if (!fs.existsSync("wallet/")) { fs.mkdirSync("wallet/"); }
    if (!fs.existsSync(privateKeyLocation)) { fs.mkdirSync(privateKeyLocation); }

    const newPrivateKey = generatePrivateKey();
    fs.writeFileSync(privateKeyFile, newPrivateKey);
    console.log("Create new wallet with private key to: %s", privateKeyFile);
}

function getPrivateFromWallet() {
    const buffer = fs.readFileSync(privateKeyFile, "utf8");
    return buffer.toString();
}

function getPublicFromWallet() {
    const privateKey = getPrivateFromWallet();
    const key = ec.keyFromPrivate(privateKey, "hex");
    return key.getPublic().encode("hex");
}

module.exports = {
    initWallet,
    getPublicFromWallet
};
```

## 기호



## A - D



## E - G

## H - L



## M - P

## R - T



## U - Z

## ㅈ – ㅋ

## ㅌ - ㅎ